吾心安处是厨房

冬去春来的料理与生活

A
Kitchen
Diary

秋宓 著

中国轻工业出版社

入厨七年

世界上大多数的事情，只要你坚持做下去，就会出成果。听说过一种"七年理论"，意思是坚持做一件事，每天四个小时，坚持七年，达到10000个小时就会成为这个领域的专家。我喜欢这个"七年理论"，因为不用把一件事做到死，起码每七年就有转换的机会。试想，人生前三个七年在学校学习，接着两个七年用来找到合适的工作和成家生子。这五个七年过去才三十五岁，大多数人还有另外五个七年。这五个七年利用好了，就可以成为五个领域的专家。即便不能成为专家，也能达到比一般人高超许多的水平。对于不以此为职业，只为娱悦自己的人来说，这就足够了。

可是，我回顾一下自己的前半生，展望一下后半生，悲哀地发现"七年理论"没有在我身上应验过，而以后能验证这一理论的机会也不大。

我的兴趣爱好多得数不胜数，有一阵子我喜欢画画，油画、水彩、素描均有所涉猎；后来又迷上书法，《兰亭序》《颜勤礼碑》临摹了不少；学过钢琴，做过茶人，吉他断断续续地还在学；每天游泳，隔天健身房打卡，溜冰场上我是鲜有的能飞奔、压道的家长……但是诸多爱好都是"半桶水"，无一精通。我这个人喜欢改变，一成不变的东西我做不来。说好听了是兴趣广泛，说得不好听就是喜新厌旧，没有恒心。

说起来容易，做起来难，难就难在每天要付出相当多的时间，还要坚持七年。

坚持，有两个理由。第一个是喜欢。只有发自内心的喜爱，才有激情，才有动力。第二个是生活的需要。大多数人开始认真做一件事情的主要目的，便是赚取生活费。当然，可能最初也是喜爱的。但是，爱好一旦与金钱挂钩，终有一天会趣味皆失，成为令人厌烦的工作。可是到头来，还是第二类人最能坚持，因为不坚持就没饭吃，但强加之下成功之士寥寥。单凭喜爱去做事，而且不要求金钱回报的，最难坚持，但如果坚持下来，成功系数颇大。

正在哀我不幸，怒我不争之时，忽然曙光乍现。我发现有一件事居然已经坚持做了七年，还将无限地坚持下去，而且每天轻松达到四个小时的标准。是否成"专家"姑且不论，关键是我每天都还在兴趣盎然地做着，如此这般下去，难不成我终有一天能功成名就，扬眉吐气一番？

这件事说起来不光彩照人，也不富有传奇色彩，既不文艺也不小资。这不过就是我每天早、中、晚各花两小时，最终把自己搞得蓬头垢面，把整洁明亮的厨房变成不折不扣的战场的那件事。我光荣地发现，自从菲佣走后，我一个人掌管厨房事务，侍奉四口之家的每日三餐，一转眼已经走过七个年头。

这"入厨七年"当然和结婚七年的瘙痒难耐大不相同。如果说后者是天堂到地狱，那么前者就是地狱到天堂，而且前者做得好也能有效地"止瘙祛痒"。我的入厨七年是云开雾散、渐入佳境的。但世界上没有"厨家"之说，只有"厨师"，而我自然不够格做厨师，充其量不过一个"家厨"。通过七年的不懈努力，连个正式的称号都没混上，自冠"家厨"聊以慰藉。

其实，"家"和"厨"本就是一体，家总是有厨房的，没有厨房的房子不是家，是酒店。在西方，通常厨房是一栋房子的中心地带，与餐厅相连，可以一边下厨一边看电视，与家人聊天。而我还是偏爱中式的独立厨房，关上门，就是自己的天地，可以撸起袖子，扎上围裙，"搏杀"一番。厨房要面积够大，工作台面够多，能够让"家厨"们把十八般"兵器"一一亮出来。理想的厨房，当然还要有一扇大窗，不必面朝大海，只需对着花园，阳光充足就够了。另外，还需配一个好音响，一边下厨一边听小说或音乐，那是至高的享受。有时一部好的小说竟然是下厨的动力。虽然有人陪伴烹饪更暖心，但我更喜欢专注其中，换来心灵的安宁与喜悦。下厨，是我的另类禅修。

"家厨"们年复一年，每天乐此不疲地做着一件不求回报的事情。他们经常为发现新料理而兴奋不已，以自己做的食物被一扫而光而心怀感激，看着家人咀嚼时露出的微笑而大感满足。他们不要求受到世人尊敬，只求把家人喂饱喂好，他们是当之无愧的家庭厨神。

厨师有中、西餐之分；点心师傅也按中点、西点分类；此外还有冷厨、热厨等各种精细分工。餐厅的厨房运作也依靠团队合作，有大厨、打荷、炒锅、砧板，还有洗碗、打杂的。而家庭厨神们则是全能，就像全科医生一样，不但十八般武艺样样精通，还能里外一脚踢。他们既能在节假日为亲朋好友张罗一桌"满汉全席"，也能随时把自家厨房打造成深夜食堂，送上暖心小炒；他们几十年如一日，苦心经营，细心钻研，最终把自己打造成"厨神"，把家人培养成"食神"。

我自诩是他们中的一员。我的成长从七年前菲佣考取护士学校辞职、我战战兢兢地接管厨房开始。四年前搬到英国，没有了"大家乐"（中式快餐店），买不到菜心和油条，家里两个小男孩变成"大胃"青少年，使得我不得不在成"神"的道路上一路狂奔。

以前喜欢香港的"蛋挞王"（蛋挞老字号），现在无论是曲奇皮蛋挞，还是酥皮蛋挞都能做得像模像样；价格不菲的芝士蛋糕成了我的拿手好戏，从北海道轻芝士、纽约重芝士，到蓝莓芝士卷、柠檬芝士派，都不成问题；自己做的新疆拉条子绝不输给兰州拉面；自己炸的天妇罗可以敞开怀地吃。以前觉得很神秘的料理，从日式照烧鸡、南蛮醋渍鱼，到法式蓝带鸡排、蒜蓉青口，现在都成了家常便饭。怀旧了，就来个"港式焗猪排饭"；开心了，就炸些"胡椒炸鸡翅"庆祝；伤心了，就煮一大锅"乡村牛肉派"疗伤；思乡了，就包顿"酸菜饺子"一解乡愁。算算我在厨房的时间，每天都超额完成"四小时"任务，小说也听了无数本，陪伴我的有金庸笔下的令狐冲、韦小宝，也有伍尔夫的意识流，还有毛姆、加缪、卡夫卡。拜厨房工作所赐，我的文学素养也得到了显著提高。

这当中的酸甜苦辣恐怕只有"家厨"们才能体会。早上宁静美好的厨房，到晚上成了"哀鸿遍野"的战场；奋战两小时的丰盛餐食不到20分钟就变得杯盘狼藉、等待收拾；一双纤纤玉手常常带着烫伤、刀伤；为了逃避油烟味，我裹着围裙、戴着浴帽，再加上近视眼镜，俨然一副"全副武装"的模样；做得好吃皆大欢喜，做得不好吃也剩不下，自家餐桌上总是摆满温馨。

我的书房、厨房和花园呈三点一线，踏出书房就是厨房，厨房外就是花园。每天穿梭于这三点之间，把时间划为三等份，对我来说倒是一个完美的平衡。当我发现每天花在厨房的时间很"可观"的时候，便会问自己，是好事还是坏事。姑且认为"好"多于"不好"，因为烹饪不单为家人提供了营养美味的食物，还很疗愈，富有乐趣，也是自我表达的一种有效方式。

厨房外的小花园，是我的另一番天地。在这里我观察草木、蔬果和小鸟、昆虫，体会四季的变换和大自然的神奇。这方土壤把我与食材真正地联系起来，又给了我一个写作、烹饪之外身心放松的机会。

于是我走进书房，决心用笔和相机把我在厨房内外的活动记录下来，分享美食的制作、食物的故事，以及英格兰的季节变换和日常生活的点点滴滴。

然而，这绝非一本普通的食谱。

畅销美食作家迈克尔·鲁尔曼（Michael Ruhlman）说过：食谱不是使用说明书，它该更像乐谱，给予演奏者无限的演绎空间。我不是专业厨师，只是一个不断学习的居家厨人；食谱也不是圣经，其本意是给予人灵感。所以，请权当这是你煮饭时我陪你在厨房聊天，也许我们的思想能够撞出火花，给你带来更多的灵感。

如果你看了这本书能有做饭的冲动，能走进厨房为自己和家人认真地做一顿饭，或者能从新的角度理解食物与我们的关系，重新演绎我笔下的料理，我就会欣慰地微笑，举杯和你说一声：Cheers（干杯）！

目录

―――――― ♣ ――――――

Contents

十二月
December

外酥里软简约的美 / 010
　隔夜发酵白欧包 / 012

人类能做出的最好吃的牛肉料理 / 014
　勃艮第红酒炖牛肉 / 018

名字古怪的东京鸡腿 / 020
　南蛮鸡腿饭配塔塔酱 / 022

暖心暖胃的英式经典 / 023
　乡村牛肉派 / 025

不辣不休 / 026
　香辣牛肉酱 / 027

黯然销魂卤肉饭 / 028
　卤肉饭 / 030

居酒屋风味手羽先唐扬 / 031
　胡椒炸鸡翅 / 032

我的蛋糕情人 / 034
　黑森林蛋糕 / 038

那不勒斯薄底比萨的秘诀 / 040
　五香牛肉薄饼 / 043

乐观派的巧克力蛋糕 / 044
　巧克力草莓蛋糕 / 046

一月
January

没有可乐的可乐饼 / 050
　咖喱牛肉可乐饼 / 053

平凡的珍馐美味 / 054
　板栗南瓜培根意大利面 / 055

千奇百怪的意大利面 / 056
　烤锅鸡排米粒意面配沙拉 / 059

最好的马德拉 / 060
　马德拉蛋糕 / 063

隆冬腊月不减肥 / 064
　腊味煲仔饭 / 067

一吃难忘的港式美味 / 068
　港式萝卜糕 / 071

年年升高 / 072
　椰汁年糕 / 075

年夜饭的硬菜 / 076
　盐焗鸡 / 079

除夕夜的团队工作 / 080
　猪肉芹菜饺子 / 085

生命中真正享受的东西 / 086
　什锦天妇罗 / 089

二月
February

趣味盎然的美味沙拉 / 092
　土豆沙拉 / 095

38 个步骤的情人料理 / 096
　港式焗猪排饭 / 099

荒岛求生只带这一样足矣 / 100
　奥利奥芝士蛋糕 / 103

有态度的"侠客餐" / 104

　　酱牛肉 / 107

香港面包坊的记忆 / 108

　　法兰克福肠仔包 / 111

体己茶和神奇小吃 / 112

　　南瓜子糖 / 115

三月
March

孤独美食家的鸡肉丸子 / 118

　　鸡肉丸果味酱汁丼饭 / 119

蔚蓝海岸的克里斯汀 / 120

　　法式苹果挞 / 123

妈妈的味道 / 124

　　翡翠白玉汤 / 125

欧姆蛋的日式变种 / 126

　　蛋包饭 / 129

松软甜蜜的春天 / 130

　　猕猴桃舒芙蕾 / 131

婴儿般的满足感 / 133

　　肉骨茶 / 134

四月
April

丁香时节的家庭烹饪课 / 138

　　鸡蛋三明治 / 141

糯米与红豆的绝配 / 142

油炸糕 / 145

复活节的玉子早餐 / 146

　　玉子烧 / 149

罗宾一家 / 150

　　西葫芦鸡蛋饼 / 153

香港茶餐厅的常餐 / 154

　　番茄滑蛋牛肉饭 / 156

宝贝沙嗲酱 / 157

　　沙嗲牛肉汤米线 / 159

五月
May

以假乱真的野韭菜 / 162

　　韭菜花酱 / 163

神奇的五月天 / 164

　　和风大虾意大利面 / 167

珠散玉碎回味无穷 / 168

　　油盐烧饼 / 171

清雅脱俗的母亲节礼物 / 172

　　青柠圆环蛋糕 / 175

私房美味千层面 / 176

　　意大利千层面 / 179

成双结对的鸟儿 / 180

　　胡椒牛排午餐 / 183

路边的野花我就要采 / 184

　　御饭团 / 187

公园里的邂逅 / 188

　　葱油饼 / 191

十二月

December

十二月其实是罗马旧历中的第十个月，也是最后一个月。拉丁文"Dece"是"10"的意思，从而演变出十二月的英文名"December"。

盎格鲁-撒克逊人（Anglo-Saxons，指在公元5世纪从欧洲大陆移居至大不列颠岛，在岛上定居的英国人祖先）把十二月叫作"冬月"或者"神月"，后者大概是因为圣诞节在十二月。

十二月，英国的大街小巷都充满了圣诞气息。市中心的商业区立起了巨大的圣诞树，商户都挂满圣诞装饰和小彩灯，街头巷尾飘荡着欢快的圣诞歌曲。商店也会售卖大量圣诞饰品，圣诞节礼品更是五花八门。

圣诞节是英国最重大的节日，有两天公众假期，接着就是新年假期。一踏入十二月，人们都会提前进入度假模式，休闲第一，工作第二。

12月25日：圣诞日
12月26日：圣诞节礼日

外酥里软简约的美

这个周日的早晨特别安静，学校开始放期中假期，社区里也是静悄悄的。我喜欢在周末烤面包，让孩子们在烤面包的香气中醒来。

欧洲人通常吃略带咸味的面包。刚出炉的欧包切片，涂抹黄油，是最简单的美味。或者煎一个鸡蛋和一片培根，把欧包切片放入煎过培根的锅里烤得两面焦黄，两片面包夹着鸡蛋和培根，蘸一下番茄酱和英式辣芥末酱，软嫩的鸡蛋、酥脆的培根，层层叠叠的味道和口感之后，是满口的麦香，令人回味无穷。

我与法式包点是一见钟情的。许多年前，我第一份工作的写字楼旁边大酒店楼下有一间面包坊叫作"巴黎面包坊"。那里售卖牛角包等法式酥皮点心和好喝的咖啡。记得有一次加班之后，老板请我们几个员工吃点心、喝咖啡。他说那里的牛角包很有水准。那是我第一次吃牛角包，惊叹世界上还有这么好吃的面包。

记得有一年去法国，小客栈坚持7:30才开始提供早餐，因为附近面包坊的面包那时候才刚出炉，老板绝对不会用超市的面包或隔夜的面包代替。那两周，我几乎餐餐都吃硬硬的法国面包，当然除了法棍之外，还有各式各样的法包，通常都是烤得颜色焦黑。但酥脆的表皮下，面包内部柔软，富有弹性，越嚼越香。

法国以美食著称，法式面包也是一绝。当你吃厌了千篇一律的软绵绵的方包之后，恐怕就会开始欣赏法式面包。那种烤得裂开、粗糙焦黑、个头硕大的手工面包是我的最爱。

如果你还没有亲手烤过面包，我劝你尝试一下。你不仅会发现原来烤面包如此简单，可能还会爱上面包刚出炉的味道，从而乐此不疲。

制作手工面包，和面与揉面是一个非常疗愈的过程。对于面团和揉面团的人来说，这是一个互相认识、互相理解的过程。当一摊湿面在手中逐渐成形，手掌的温度让柔软的面团变得光滑有弹性；当你轻轻地为面团拍上干粉，会惊奇地发现，那个光溜溜、温热的小东西就像一个酣睡的小婴儿。其实，欧包不需要花大力气揉面，更不需要又摔又打地排气，反而要手法轻柔，温和地对待面团，尽量保留气泡，因为其中富含风味。

当然，自己烤面包并不是一件高效率的活动。如果你着急，没有时间也没有心情，那么不烤也罢。因为面粉发酵也是急不得的事情，而且越是慢发酵，味道才越丰富。所以，请小心使用那些从超市购买的酵母粉，它们通常活力超群，应尽量减少用量。

无论世界上有多少种面包，白面包始终是好的。吃过各种全麦、黑麦和裸麦面包之后，你可能还会想念白面包。隔夜发酵的白欧包表皮焦脆，切下去"咔嚓"有声，内部有不规则的大孔，柔软又有嚼头，风味十足。

如果烤面包的时间安排得当，实际操作面团的时间并不长。时间是魔法棒，长时间发酵才是好味道的关键。隔夜发酵就是一个好办法。休息日的头一天晚上和面，第二天早上不用赶着去上班或上学时，可以从容地烘烤，正好当作早餐。

我们总是对自己烤面包，尤其是欧包表示怀疑，认为没有超高温的烤箱，无论如何也不可能烤得像面包坊那么好。但是，如果你碰巧有一个铸铁锅，就能烤出表皮松脆，像面包坊一样专业的面包。用铸铁锅烤面包的原理类似石板烘焙。铸铁锅热容量大，在烤箱中预热45分钟后，把面团放进去，盖上盖子再进烤箱。这样，保证面团受到高温烘烤，极速膨胀，而锅内又有足够的水蒸气，可以防止表皮过早凝结，家用烤箱也能烤出专业欧包。

以下材料可以制作两个面包。在室温21℃的情况下，初次发酵时间为12~14小时，最后发酵约80分钟。如果室温较低就要留意发酵时间会变长，最好的办法是把面团放在较暖的环境中，比如冬天可以放在暖气旁边。如果夜晚难以提高环境温度，可以少量增加发酵粉，以确保第二天早晨能够按照时间表出炉。

这个食谱来自肯·福克斯（Ken Forkish）的《面粉·水·盐·酵母》（*Flour Water Salt Yeast*），是一本难得的好书，喜欢烤面包的朋友不妨买来看看。

隔夜发酵白欧包 (2个)
Over Night White Bread

材料 |

白面粉：1千克
温水（32~35℃）：780克
盐：22克
酵母：0.8克
铸铁锅（无陶瓷涂层）：
　　直径25厘米、深10厘米

时间表：19:00和面，20:00整形，第二天
早上9:15进烤箱，10:00面包出炉。

现在，享受切面包的"咔
嚓"声和扑鼻的麦香吧。

◀ 做法 |

1 把温水和面粉用手充分混合，揉成面团，放入容器中，加盖，静置20~30分钟。其间
   面粉有足够的时间发展面筋，盐和酵母不利于面筋发展，所以之后再放入。

2 把盐和酵母均匀地撒在面团上，用蘸了水的手探入面团底部，拉出大约1/4，但不要拉
   断，折叠到面团顶部，转动容器如此重复三四次，把盐和酵母完全包裹到面团中。

   用大拇指和食指把面团掐成几节，然后再折叠几次。反复掐断、折叠，使盐和酵母充
   分融入面中。休息30秒，再重复以上动作几次，面团开始变得有弹性。此时面团的理
   想温度是25~26℃。

   初发酵的头1.5小时，每隔半小时折叠面团1次，每次1分钟，大概折叠3次，就开始隔
   夜发酵。

3 第二天早上（12~14小时后），面团扩大至原来体积的3倍左右，就发酵好了。

   在面板上撒少许干面粉，手也蘸上干面粉，在容器和面团接触的边缘撒少许干面粉。
   倾斜容器，用一只手把面团轻轻地拉出置于面板上，注意不要用力过大，以免拉断面
   筋，将其均匀地摊放在面板上。

4 开始整形。折叠几次，揉成一个柔软、有弹性的面团。尽量保留气泡，因为这些气泡
   里有丰富的味道。

5 双手环绕面团，两个小手指紧贴面团底部，把面团拉向身体，重复几次，收紧面团。

6 把面团光滑面向下放入撒有干面粉的发酵藤篮中，套上塑料袋，置于温暖处，开始最
   后发酵。

7 最后发酵1小时左右，关键是既要确保充分发酵又要防止发酵过度。充分发酵的面包会
   膨胀到最大体积，风味更加浓郁。如果发酵过度，就会塌陷。

   "指戳法"可以帮助你判断发酵程度。在面团顶部撒少许干面粉，用食指轻戳进大约
   1厘米。如果面团马上弹出，表示未发酵完全；如果不弹出，则发酵过度。慢慢弹起，
   还留有一点凹陷，就是发酵正好的表现。

8 铸铁锅放进烤箱，以245℃预热45分钟。

9 将藤篮倾斜，轻轻把发酵好的面团转移到面板上。小心地把铸铁锅拿出烤箱，打开盖
   子，留一只手套在盖子上（防止手忙脚乱忘记戴手套）。双手运用整个手掌的力量捧起
   面团，轻轻放入锅中。盖上盖子，烘烤30分钟。然后拿掉盖子，继续烤10~15分钟，
   至表皮呈深咖啡色。

10 烤好的面包顶部会自然裂开。取出面包置于钢架上冷却20分钟即可。

人类能做出的最好吃的
牛肉料理

　　一直对法国菜情有独钟，记得那年去南法蔚蓝海岸，克里斯汀驾车带我去米其林餐厅吃饭。他点了腌凤尾鱼做开胃菜。他把法棍擦满黄油，然后放一条小鱼在面包上，一口吃掉，再用剩下的面包擦盘子上的酱汁。他弄了一块给我尝，虽然抱着怀疑的态度，但入口细嚼，满嘴的鲜香让人难忘。

　　说起法国菜，朱莉亚·查尔德（Julia Child）的《掌握法国菜的烹饪艺术》（*Mastering the Art of French Cooking*）可谓法式烹饪的"圣经"。我从网上买来犒劳自己，一日后便收到一个沉甸甸的纸箱，正纳闷我好像没买什么大东西，拆开一看，原来是上下两册书（英文版），又厚又重，着实把我吓了一跳。每册都有750页，而且文字密密麻麻，没有现代烹饪书的图片，第一感觉有点沉闷。可是一翻开书，读了第一页就被牢牢吸引住了。

　　书的内容非常细致，绝对不是干巴巴的烹饪配方和指示，朱莉亚就像在和你聊天一样，把烹饪原理和小窍门一一道来。我不喜欢简单的罗列式烹饪书，这种公式化的东西网上比比皆是。我反而喜欢细读文字，那才是作者的精华。几年前看过电影《朱莉与茱莉亚》（*Julie and Julia*），讲的就是主人公朱莉跟着朱莉亚的这本书烹饪一年的故事，其中讲到勃艮第红酒炖牛肉，让人很有跃跃欲试的冲动。家里有红酒也有牛肉，不如就做这道法国经典菜。

书中写道，牛肉一定要用厨房纸擦干，否则在锅中无法发生焦糖化反应。于是老老实实地把切成大块的牛肉一块块擦干。把牛肉下锅煎的过程也考验耐心，不但每块牛肉的四个面都要煎得焦黄，而且一次不能处理太多，我分了三批处理。蘑菇也是一样，要把握住锅够热、用黄油和分批少量的原则，蘑菇就会鲜嫩多汁，而不会释放大量水分变成煮蘑菇。

如此这般，按照书中的步骤一步步地做好，放进烤箱慢炖三个小时。温暖的厨房充满了炖牛肉的香味，这恐怕是厨房最美的时光。牛肉炖得酥烂，酒精蒸发后，留下红酒的醇厚与甘甜，蔬菜吸收了牛肉和红酒的精华，也得到了升华。这一锅承载着的不单是美味与营养，还满载着对生活的热爱和期许。配土豆泥、豌豆泥，佐以比较年轻的勃艮第红酒，便是周末完美的一餐。

勃艮第红酒炖牛肉 （4人份）

Boeuf Bourguignon

◢ 材料 |

牛肉：1千克
五花培根：160克
胡萝卜：4根
洋葱：1个
红酒：600毫升
牛肉浓汤宝：1个
盐：适量
黑胡椒粉：适量
面粉：25克
番茄膏：1汤匙
大蒜：2瓣
迷迭香：3/4茶匙
香叶：2片
橄榄油：适量

迷你洋葱：10个
黄油①：35克
蘑菇：350克

主食为土豆泥，绿
色蔬菜可选豌豆泥
或白灼西蓝花。佐
以勃艮第红酒，安
坐家中即可享用味
道正宗的法式经典
大餐。

◢ 做法 |

1 牛肉可以选择带肥肉的牛腩或较瘦的牛排，切成5厘米见方的大块。清洗后，每一块用厨房纸擦干。胡萝卜切粗条，洋葱切8瓣，大蒜切末，迷你洋葱剥皮，蘑菇清洗后用厨房纸擦干。培根选择五花肉制成、带较多肥肉的，培根切粒。

烤箱预热至240℃。准备直径24厘米的铸铁锅。

2 先在铸铁锅中放1汤匙橄榄油，油热下培根粒。小火煎至金黄，猪油渗出。取出待用。

---

① 黄油的自然状态是固体。食
谱中如非注明是软化或融化
的黄油，即为固体黄油。

3　把牛肉逐块放入锅中，每次不要放太多，分三四次处理。耐心地把牛肉的四个面都煎至金黄、微焦。这时牛肉表面产生美拉德反应（Maillard reaction），不但能够锁住肉汁，形成浓重漂亮的巧克力般的色泽，还能产生浓郁复杂的牛肉风味。由于产生美拉德反应的温度条件为118℃，水分蒸发前温度都不会高于100℃，所以务必用纸巾擦干食物表面的水分，才能成功地产生美拉德反应。

4　把煎好的牛肉取出，与培根放在一起。将切成8瓣的洋葱和胡萝卜条放入这个有油的锅中，也煎至金黄，取出待用。

　　把牛肉和培根放回铸铁锅内，撒盐（1汤匙）、黑胡椒粉和面粉，拌匀。这时，牛肉表面都裹上了薄薄一层面粉。不盖盖子，把铸铁锅放入烤箱烤4分钟，拿出用铲子翻面，再放入烤箱烤4分钟。这时的牛肉表面形成了一层焦脆的薄皮，取出铸铁锅，烤箱温度调低至160℃。

5　在锅内加入500毫升红酒、浓汤宝、番茄膏、蒜末、迷迭香（1/2茶匙）、香叶（1片）、煎过的洋葱和少许清水。汤汁以刚刚没过牛肉为准。中火烧至汤滚，加盖，放入烤箱，160℃慢煮两三个小时。

6　这时开始处理迷你洋葱和蘑菇。

　　平底锅下15克黄油和少量橄榄油，黄油化开并开始冒泡时，加入迷你洋葱。小火烤至各面金黄微焦，小心不要把洋葱煎散。加入迷迭香（1/4茶匙）、香叶（1片）、盐、黑胡椒粉和100毫升红酒，加盖，小火煮40~50分钟。煮好的洋葱柔软透明，汤汁浓稠，味道甜中有咸，还微微带点酸味，非常可口醒胃。煮好的洋葱可以就这样做配菜，也可以加入牛肉锅中。

7　20克黄油和少量橄榄油下锅，油热下蘑菇，中火炒至微微变色，取出待用。可以分两次处理，这样的蘑菇不会释放水分，以保证鲜嫩多汁。

8　3小时后，牛肉很容易用叉子插入，就煮好了。把牛肉与汤汁分开，清洗铸铁锅。再放入牛肉，然后把胡萝卜、蘑菇和迷你洋葱盖在牛肉上。

9　汤汁用小锅大火烧开，煮一会儿，蒸发水分使汤汁浓厚。把浓汁浇在蔬菜和牛肉上，盖上盖子。如果是提前煮的，可以在吃之前把整锅在炉灶上小火煮10~15分钟即可。

名字古怪的东京鸡腿

日本东部的五浦海岸，红色亭子是冈仓天心的观澜亭。

　　我喜欢日本，也喜欢日本美食。这几天找到书架上一本高木直子的《一个人暖呼呼》，在阴冷的英国冬天，最令人羡慕的不外乎是能泡上热乎乎的温泉，出浴之后再吃一顿大餐。上次去日本东海岸，酒店的露天温泉面向太平洋，半躺在汩汩冒泡的温泉池，把自己赤裸裸地交给天与海，那一刻恐怕就是天人合一的感觉吧。泡完温泉，浑身松软，穿着浴袍直奔餐厅，享用酒店准备的丰盛晚餐。温泉和美食，加在一起真是妙不可言。

　　记得有一次去东京，酒店出门拐个小弯，是一处僻静的庭院，古旧的二层楼上有间小餐馆。我看见附近好多下班的人士来吃饭，索性也进去试试。店里灯光幽暗，厨房却灯火通明，有服务员见我进来，高声招呼，拿来菜单。我一看，却也简单，一共就只有五个菜。于是选了塔塔酱南蛮鸡肉套餐。不一会儿，菜来了。盘子里有一大块炸鸡腿，上面还淋了淡黄色的塔塔酱汁。炸鸡酥脆，那塔塔酱是点睛之笔，酸甜醒胃。这酱汁有小黄瓜的清香，又有蛋黄酱的浓郁，把酥脆爽口的南蛮炸鸡提升到另一个层次。环顾小店，顾客来来去去，相信都是熟客。能在东京闹市区找到这样一家地道而平价的小店，真是好运。南蛮炸鸡配塔塔酱，是我难忘的东京美味。

　　中国人通常对英国超市的鸡肉都会很失望，超市里即使有机走地鸡也是肉质软绵，没有"鸡味"。但是南蛮鸡腿味道来自浓郁的酱汁，所以可以掩盖英国鸡肉的缺陷。"南蛮鸡肉"是日本南部宫崎县的代表性美食。通常选用鸡腿肉（但也有用鸡胸肉的）油炸，趁热浇上南蛮甜醋汁。这里使用的甜醋汁是南蛮腌鲭鱼经常用的酱汁，据说是由欧洲传入日本的，所以命名"南蛮料理"，也叫"南蛮渍"，就是把炸好的鱼或者鸡放在甜醋汁中浸泡。浸泡过酱汁的炸鸡酸甜可口，鲜嫩多汁，丝毫不油腻，配西式塔塔酱，无论是做下酒小菜还是做成丼饭，都妙不可言。

　　由于我不喜欢油炸，所以配方改为煎鸡腿，味道也是一如既往的好。

南蛮鸡腿饭配塔塔酱 （4人份）

Nanban Chicken with Tartar Sauce

材料

去骨鸡腿：600克（约6块）
面粉：适量
橄榄油：少许
盐：适量
黑胡椒粉：适量

南蛮汁
醋：60毫升
酱油：50毫升
味醂：20毫升
白砂糖：20克

塔塔酱
洋葱：1/2个
小黄瓜：1根
白砂糖：15克
鸡蛋：2个
蛋黄酱：30克
芝士：30克
盐：适量
白胡椒粉：适量

生菜：适量
米饭：适量

做法

1 先准备塔塔酱。洋葱切丁。把小黄瓜（约6厘米长）切丁，撒少许盐，静置片刻。用一块厨房纸包住黄瓜丁，挤出多余的水分。鸡蛋煮熟，去壳，切丁。把制作塔塔酱的所有材料混合，待用。

2 南蛮汁的做法很简单，把南蛮汁的所需材料混合即成。可以尝尝味道，按照自己的喜好调节酸甜度。

3 鸡腿肉摊平，在肉上划几刀，切断筋防止遇热收缩。在鸡腿的正反面均匀地撒上少许盐和黑胡椒粉。双面蘸上面粉，将多余的拍去。

平底锅烧热，加少许橄榄油。因为鸡皮会出油，所以不需要太多油。鸡皮向下，把鸡腿放入锅中，小火煎至双面金黄。如果锅小，可分三次煎，煎好的鸡腿出锅待用。煎锅里的油不要倒掉，这是鸡肉的精华。最后把所有煎好的鸡腿放进锅中，倒入南蛮汁，小火煮3分钟，鸡腿翻面，盖上盖子，熄火。面粉的作用是为鸡肉包裹一层面粉皮，这样更容易吸收汤汁。这道菜最好提前几个小时制作，让鸡肉在南蛮汁中浸泡一段时间，味道更好。

4 生菜切丝，铺在米饭上，把鸡肉放在生菜丝上，浇上煎锅里的南蛮汁，再浇上塔塔酱。这样一碗色、香、味俱全的南蛮鸡腿饭配塔塔酱就做好了。

暖心暖胃的英式经典

这几天阿提亚风暴（Storm Atiyah）从爱尔兰吹过来，气温骤降，狂风大雨。早上起来，快8:00了，天还是黑的。下午3:30，孩子们放学时就开始天黑了。遇见这样的糟糕天气时，足不出户是最好的选择。

坐在火炉旁，任雨点敲打着窗户。有瓦遮头，有热茶在手，这就是莫大的幸福。英国的冬天是难熬抑郁的，出门必须驾车，没人愿意顶着风雨、踩着满地枯叶与大自然亲近。然而，古时候的英国人是怎么熬过这么难过的冬天呢？他们用什么食物来慰藉被冷风摧残的身躯呢？

冬天的湖面结了一层薄冰，鸟儿们在冰上休息。

英国传统料理——乡村牛肉派和牧羊人派无疑就是冬天的最佳美食。这两款用土豆、肉和蔬菜做的派，烘烤后香气四溢，有肉、有菜、有主食，在寒冷的冬天，吃上一大碟，暖心暖胃。顾名思义，乡村牛肉派是用牛肉做成，而牧羊人派则是用羊肉做的。

乡村牛肉派和牧羊人派起初其实是穷人的食物。18世纪晚期的英国，住在农村的农民和牧羊人开始用土豆做主食，他们把吃剩的冷肉切碎，上面铺土豆泥，做成肉派，一直流传至今。

现在人们生活好了，多用新鲜肉来做肉派的馅料，比起以前的残羹冷炙，鲜肉派味道更浓郁，营养更丰富。这款料理可以提前制作，放入冰箱冷藏，想吃的时候拿出来放入烤箱焗烤即可，非常适合上班族。这也是众多西餐中，比较适合中国人口味的餐食，尤其适合小孩和老人。

　　今天的天气恶劣，最适合宅在家中，做一大锅牛肉派，放进烤箱低温慢烤，孩子们放学回来就有热乎乎的牛肉派吃，寒气一扫而光。

乡村牛肉派 （4人份）
Cottage Pie

材料

土豆：1千克
温牛奶：125毫升
黄油：30克
牛肉馅：500克
洋葱：1个
胡萝卜：2个（约200克）
大蒜：2瓣
番茄膏：2汤匙
牛肉味浓汤宝：1粒
煮土豆水：500毫升
芝士碎：少许
淡奶油：少许
盐：适量
黑胡椒粉：少许
橄榄油：适量

其实用乡村牛肉派的馅料搭配米饭，做成盖浇饭也很好吃。今天的配菜是小黄瓜菠菜凉拌木耳。

做法

1　先做土豆泥。把土豆去皮切成约1厘米厚的片，放入盐水中煮软，约15分钟时，可用叉子轻戳检查是否够软。把水沥干，但煮土豆的水不要扔掉，留待备用。把土豆片放入容器，捣碎，如果没有专门的工具，用叉子也可。此时的土豆非常容易弄碎，用叉子将其反复搅动至幼滑无颗粒。趁热放入10克黄油和适量温牛奶[1]，注意土豆泥不能太稀，做派皮稍干较好。最后放入适量盐、少许芝士碎，搅匀。

2　我用铸铁锅来煮肉馅部分，这样可以直接入烤箱烘烤。锅内加入适量橄榄油、10克黄油，洋葱切丁后倒入，小火煸炒至透明，再放入10克黄油，或加一些橄榄油。倒入切碎的胡萝卜和大蒜，中小火煸炒至柔软。将蔬菜盛出，待用。不用洗锅，倒入少许橄榄油，把牛肉馅倒入锅中，翻炒至变色，放入番茄膏，略炒。把蔬菜放回锅中，加一粒浓汤宝，加适量煮土豆的水。注意水不要太多，因为馅料应该比较稠；但水也不能太少，防止干锅。水大约与馅料平齐即可。加盐和黑胡椒粉调味。加盖小火慢煮1小时。

馅料煮软之后，淋上少许淡奶油，拌匀。如果发现水太多，开盖大火收汁。也可以用冷水混合少许面粉，一边慢慢倒入锅中，一边搅拌，这样可使馅料浓稠。西餐的肉汁就是用水淀粉加入高汤煮沸而成。这与中餐的勾芡异曲同工。

3　用一个较平的小铲子把土豆泥平铺到馅料上，刮平，用叉子划出条纹。撒上少许芝士碎。把铸铁锅放入烤箱，无须加盖，190℃烤30分钟即可。

---

[1] 看情况添加，因为食材不同，故所需用奶量不同，觉得稠度满意即可。所以，有时可能不需要全部加进去。步骤2的煮土豆水同理。

不辣不休

雨后，树木与蓝天的倒影。

　　今天天气晴朗，游泳回来，走过一条幽静的小路。路两边的树木落尽了树叶，白色的树枝伸向蓝天，迎着早上的阳光，在寒风中伸展摇曳，闪着微光。间或有几个硕大的鸟巢在枝丫中裸露出来，这些由枯枝、树叶和野草构建的巢穴半悬在空中，看起来脆弱不堪，实际上却坚固得很，经得起风吹雨打。黑白相间的喜鹊在树枝中跳来跳去，鸽子在草坪上咕咕觅食。万物在季节轮换中显示出平和坚强、乐观向上的本质。我们又有什么理由因为冬天的来临而郁郁寡欢、心慵意懒呢？

　　游泳之后，肚子分外饥饿。寒冷的冬天，不吃点辣的暖暖胃怎么行呢？路过超市，买一磅安格斯牛肉，打算做香辣牛肉酱。我早就不买"老干妈"之类的辣椒酱了，还是自己做的安全美味、真材实料。

　　小时候，秋天辣椒成熟的时候，妈妈总是买来一大篮红辣椒，加蒜蓉做成辣椒酱。那时家里没有冰箱，而东北的寒冷冬天造就了天然的大冰箱。冻豆腐、冻饺子等就直接放在窗外冷冻。而怕冻又要保鲜的就放在两层窗户中间。红通通的辣椒酱装进玻璃瓶中，放在窗户的夹层里，可以保存整个冬天。上满白霜的窗户衬托着红亮的辣椒酱，是漫长冬天的靓丽风景。自制的手工蒜蓉辣椒酱辣中带着些许酸甜，是炸酱面和打卤面的绝配。炒土豆丝、炒白菜也加点辣椒酱，让平淡无奇的白菜土豆变身成美味。拌凉菜也舀上一勺，顿时色、味俱全。

　　自制的香辣牛肉酱浓香过瘾，粒粒分明，拌面、炒饭、夹馍、炖豆腐，或者早上配白粥也好。制作一次，放进冰箱密封冷藏可以保存数周，真是懒人的不二之选。

🔴 香辣牛肉酱 **(2瓶)**
Spicy Beef Paste

◢ 材料 |

牛肉：300克　　　豆瓣酱：20克
姜末：20克　　　　酱油：5克
蒜末：20克　　　　白芝麻：40克
葱末：30克　　　　鸡粉：2克
辣椒末：30克　　　白砂糖：3克
豆豉：100克　　　　植物油：150毫升

◢ 做法 |

1　白芝麻小火炒熟。牛肉切小粒，取一半豆豉切碎。辣椒末的选用也有讲究，我一半选用四川干辣椒，一半选用韩国辣椒末。韩国辣椒末就是腌制辣白菜的辣椒，味道温和，颜色鲜红，这种辣椒不太辣，但非常香。因为孩子们不能吃太辣的，而且我喜欢这种香气。

2　锅烧热，下油，烧至七成热，下牛肉炒至变色。再下葱、姜、蒜末，中火炒香。下切碎的豆豉、豆瓣酱和酱油，小火炒香。下另一半豆豉、辣椒末，然后倒入先前炒好的白芝麻，快速翻炒，熄火。加白砂糖和鸡粉调味。

3　趁热装瓶，密封，放入冰箱保存即可。

晚餐就吃牛肉面，配香辣牛肉酱和白灼生菜。

黯然销魂卤肉饭

中国台湾有二宝，一个是卤肉饭，另一个是牛肉面。当然，宝岛台湾的好东西很多，但对我来说，这二宝是宝中之宝。牛肉面就不说了，走在台北的大街上，随便走进一间饭馆，牛肉面都好吃。但是我不喜欢吃饭店的卤肉饭，因为觉得太肥，而且肉少、汁多。之所以把卤肉饭和牛肉面并列评为台湾二宝，是赏识卤肉饭的概念和简单的烹饪方式。

红烧肉好吃，但只有能吃大块肥肉的人才能享受，而且要烧糖色，做起来颇有讲究，要掌握其中的技巧才能做得好。而卤肉饭就不同了，制作不需烧糖色，也无须焯水，做起来容易很多。

在香港的时候，有一位上海朋友教我做红烧肉时放几片鲜鱿鱼，再煮几个鸡蛋扔进去，这样的红烧肉有了鲜鱿的味道，马上就不同了，一下子告别了肥腻，变得轻盈。仿佛女孩子一年365天的披肩直发，忽然有一天别上了发夹，整个人年轻了好几岁。而那几个白水煮蛋，吸收了红烧肉和鲜鱿的精华汤汁，更是脱胎换骨，变成了滋味丰富的卤蛋。

把这一招用在卤肉饭上，再合适不过。如果碰巧家里有鸡腿菇，切丁放进去一起煮，这一餐就有菜、有肉、有蛋，再配上粒粒晶莹的东北大米，还有何求呢？这就是上乘的卤肉饭。所谓上乘的卤肉饭，是指每一粒五花肉都有皮、有瘦肉、有肥肉，卤好的肉颤巍巍地包裹在油亮的琥珀色汤汁中。而这酱汁已经熬出胶质，吃完嘴巴黏黏的，估计还具有良好的美容功效。另外，卤肉饭的米饭也有讲究，大米需粒粒分明、饱满、有弹性、热气腾腾。至于吸饱酱汁的鸡蛋和鸡腿菇则是画龙点睛之笔，让你欲罢不能。

卤肉饭 (4人份)

Braised Pork on Rice

◆材料

带皮五花肉：500克
鲜鱿鱼：100克
红葱头：4个
朝天椒：1个
生姜：8克
八角：2个
料酒：50毫升
冰糖：30克
酱油：50毫升
蚝油：2汤匙
鸡蛋：4个
鸡腿菇：2个
橄榄油：适量

卤肉饭最好配上好的东北大米，盛一勺琥珀色的卤肉浇在热腾腾、晶莹饱满的米饭上，趁热搅拌，捞一个卤蛋切成两半放在饭上。这就是一碗夫复何求的销魂卤肉饭。

◆做法

1　五花肉切成小丁，最好每一块都有皮。鲜鱿鱼切丁，红葱头和朝天椒切丁，生姜切片。铸铁锅放适量橄榄油，把红葱头、朝天椒、生姜和八角小火炒香，出锅待用。

2　把五花肉放入平底锅，中火翻炒至出油。这一步骤很重要，要有耐心，慢慢炒，直到五花肉的油分释出、肉粒变成金黄色，下冰糖，继续炒。这一步便是上糖色，看到五花肉颜色变深，有的部分开始变得焦黄，就差不多了。放酱油、蚝油、炒香的配料、料酒和水。水可以多一点，至少要没过肉。这个做法中，五花肉不需要焯水，因为肉切成小丁后，焯水会煮掉肉味。如果有浮沫，可以撇去。加盖，小火焖煮约20分钟。

3　这时开始煮鸡蛋。鸡蛋冷水下锅，中火煮约14分钟就全熟了。煮好的鸡蛋放入冷水中，降温后剥壳。用刀在鸡蛋上纵向开4个口，这样容易入味。鸡腿菇切成小方粒，把鸡蛋和鸡腿菇放入步骤2的锅中，加盖继续炖约20分钟，汤汁开始变得黏稠、红亮，肉烂即成。没有鸡腿菇也不要紧，可以用白灼蔬菜作为配菜。

居酒屋风味手羽先唐扬

　　今年的冬天很暖，天气预报早就预告今年英国不会有"白色圣诞"（即飘雪的圣诞节）。一年十一个月都在阁楼度过的圣诞树，终于又在客厅亮起来了，门廊装上大姐寄来的旋转霓虹灯，家里立刻就有了圣诞气氛。

　　白天带孩子们去看了爷爷、奶奶，也在唐人街喝了早茶。美味轩是唐人街出了名好吃的中国餐馆。这里的广式点心很有水准，比大多数香港茶楼的还好吃，烧鸭尤其富有滋味。白天那一顿吃得很饱，晚上就打算简单点，弄点下酒小菜，边吃边看电影，度过一个轻松的平安夜。

　　若干年前，我还在香港时，便已爱上《深夜食堂》漫画，还看完了一整套。《深夜食堂》发生的那些故事妙趣横生，但最吸引我的还是里面介绍的日本居酒屋美食。每看完一个故事，我都有煮食的冲动，经常会按照书中写的食谱煮来吃。其中，鸡蛋烧、炸红香肠、鸡蛋三明治、猪排饭等都成了我家的家常菜。漫画中的人物下班后一边喝着小酒，一边吃着自己钟情的食物，卸下一天的疲惫，有的互相谈论着奇闻趣事，有的则独自品味忧愁。人间诸事有悲有喜，恰似食物的酸甜苦辣。后来，《深夜食堂》被改编成电视剧，片头曲《回忆》令人印象深刻，铃木常吉拨弄着木吉他，苍老的男低音回荡在寂静的深夜，加上小林薰的开场白，让人觉得无论白天发生了什么，这深夜时分的世界都是美好的。

　　一年365日，无论开心还是不开心，日子都要照样过。烹饪是良好的减压活动，我喜欢烹煮自己喜欢的食物来调节心情，厨房里的忙碌使我体会到生活的真实，美味佳肴则给我带来充实与平和的感觉。与其说我喜欢吃东西，不如说我喜欢看别人吃我做的东西。

平安夜，不如就做日本居酒屋风味的胡椒炸鸡翅，难得圣诞，吃一餐油炸食品也无妨。今天做的这一道炸鸡翅，是将鸡翅裹上淀粉炸过之后再涂酱汁，然后撒上盐、胡椒与白芝麻，便是绝佳的下酒菜。炸好的鸡翅口感酥脆，微辣又有甜甜的回味，日式风味十足，让人欲罢不能。这道菜与日本最出名的炸鸡料理"南蛮鸡"很相似，但这款鸡翅只是涂上酱料，并不在酱料中浸泡，所以口感还是很酥脆的，咬起来"咔嚓"有声。

❖

胡椒炸鸡翅 （2人份）
Izakaya Style Deep Fried Chicken Wings

◀ 材料 |

鸡翅中：12根
淀粉：适量
清酒：3汤匙
味醂：2汤匙
酱油：3汤匙
白砂糖：1汤匙
蒜末：1/2茶匙
姜末：1/2茶匙
白芝麻：少许
白胡椒粉：适量
植物油：适量

圣诞树的灯饰
一闪一闪的，
这个平安夜有
美酒和炸鸡，
不管之前的
三百多个日日
夜夜过得怎么
样，起码这一
刻是完美的。

◀ 做法 |

1　鸡翅中最好选用比较小的，如果鸡翅要油炸，最好不要腌渍，因为腌渍过的鸡翅容易炸糊。调味主要靠炸好之后涂上的酱汁，所以较小的鸡翅比较容易入味。

鸡翅中洗干净后用厨房纸吸干水分。取一个保鲜袋，把鸡翅装进去，再装入适量淀粉，用手隔袋轻轻揉搓，让鸡翅均匀地裹上淀粉。

2　清酒、味醂、酱油、白砂糖、姜末和蒜末混合成酱汁。

3　锅中倒入适量的植物油（最好能没过鸡翅），油热，开始炸鸡翅。可以分几次炸，每次不要炸太多，以防油温过低。鸡翅炸到淡黄色，取出放在吸油纸上。这时的鸡翅可能还未全熟，但它们还会慢慢自熟。第一次炸完后，等油热，再炸第二次，令鸡翅更脆。炸至金黄色，取出放在钢丝架上。

4　用刷子蘸步骤2的酱汁均匀地涂在每一根鸡翅上，翻面再涂另一面。然后撒上白胡椒粉和白芝麻。居酒屋的这道料理一般会撒很多胡椒粉，如果喜欢辣的当然可以照做，不过撒胡椒粉时可能会不小心吸入体内，当心呛到。如果不喜欢辣，就少撒些。

5　装盘，可以配生菜沙拉，趁热食用即可。

我的蛋糕情人

　　爱上一个人不需要理由，想了解爱上的那个人更不需要理由。爱上他/她，会想方设法接近他/她，哪怕自己知道这段感情不会有结果。昨天晚上看了一部叫作《蛋糕师》（ *The Cakemaker* ）的电影，讲述的是这世间常见的爱情课题。柏林年轻的蛋糕师汤玛斯与从耶路撒冷来柏林出差的帅气熟男欧伦因黑森林蛋糕结缘，并成为一对同性恋人。欧伦在家乡有妻小，只有每月到柏林出差时才能与汤玛斯相聚。

有一天，汤玛斯惊闻欧伦在家乡意外身亡的消息，深受打击，他只身来到欧伦的家乡耶路撒冷，想深入了解欧伦的生活。他隐瞒身份，在欧伦遗孀安娜开的咖啡厅打工，他做的糕点大受顾客欢迎，使默默无闻的小店变身成为远近闻名的名店。欧伦和安娜都很喜欢汤玛斯做的黑森林蛋糕。美味的蛋糕不仅抚平了汤玛斯与安娜的悲伤，更拉近了两人的心，直到安娜发现了汤玛斯的真实身份。影片结束在柏林汤玛斯的咖啡店门外，来到柏林的安娜看到汤玛斯骑车远去的背影，欲言又止，然后又像是想起来什么似的笑了。

影片中美味的黑森林蛋糕，以及安娜与汤玛斯两人对爱情的投入和付出，成就了一部温柔、触动人心而且甜得恰到好处的电影。而我彻底被电影中的黑森林蛋糕俘虏了，今天一早起来，就迫不及待地开始做黑森林蛋糕。

黑森林蛋糕，又称黑森林樱桃奶油蛋糕，来自德国，并已成为全世界最受欢迎的蛋糕之一。蛋糕的主要成分是巧克力海绵蛋糕坯、淡奶油、樱桃酒、樱桃和巧克力碎。黑森林是德国南部的一处盛产黑樱桃的旅游胜地。当地人把黑樱桃夹在奶油巧克力蛋糕中，制成黑森林蛋糕。另外一种说法则认为，黑色的巧克力碎让人联想到黑色的森林。

完美的黑森林蛋糕经得起各种口味的挑剔，蛋糕口感绵密，浓郁的巧克力巧妙地融合了樱桃的酸、奶油的甜和樱桃酒的醇香，而甜蜜之后的一丝可可的微苦则是精妙之所在。有人甚至说黑森林蛋糕的味道很有哲理，的确如此，人生不就是这种甜苦交融的味道吗？

电影里的蛋糕师汤玛斯夜晚独自一人在灯光下制作糕点的镜头，让人难以忘怀。孤独而专注的他，把手掌的温度灌注到面团中，那一刻，他不再孤独；那一刻，他的生命圆满。"家人很重要，他们让你不再孤单"，电影中一句普普通通的台词，就像美味的黑森林蛋糕一样，慰藉人的心灵。汤玛斯从德国到耶路撒冷，安娜从耶路撒冷到德国，他们寻找爱、寻找家人，想不再孤单。

其实黑森林蛋糕很容易做，是经典而普通的德国家庭点心。我的食谱没有用樱桃酒和樱桃，也很美味，材料简单，不妨试试看。因为太好吃了，而且造型也很可爱，所以常用来当生日蛋糕。

黑森林蛋糕 （8英寸）
Black Forest Cake

❧ 材料 |

海绵蛋糕坯
鸡蛋：5个
白醋：1茶匙
白砂糖：100克
自发粉：90克
可可粉：30克
盐：1/2茶匙
植物油：20毫升
牛奶：30毫升
香草精：1茶匙

奶油糖霜
马斯卡彭芝士：250克
糖粉：50克
淡奶油：500毫升

黑巧克力：50克

❧ 做法 |

1　制作海绵蛋糕坯采用分蛋法。蛋清与蛋黄分开，注意蛋清里不要混进蛋黄，装蛋清的容器要无水无油。本食谱中已经做了减糖处理，糖在海绵蛋糕中的作用很大，能够支撑起泡，使蛋糕变得松软。所以食谱中的糖量不能再减了。

蛋清里放入白醋，用电动打蛋器中速搅打到粗大的鱼眼泡，放入1/3的白砂糖，高速搅打到泡沫变得细小绵密，整体发白。提起打蛋头，蛋白霜不会挂在打蛋头上，再加入1/3的白砂糖，搅打至蛋白泡更加细腻、略微有纹路出现时，加入剩下的白砂糖，继续搅打。白醋能够增加蛋白霜的稳定性，防止消泡。若没有白醋，也可用柠檬汁。

等到蛋白霜变得坚挺、纹路越来越清晰时，关闭打蛋器，慢慢提起打蛋头，如果打蛋头上的蛋白霜呈现大弯钩的状态，就好了。打发蛋清时，如果天气太冷，可以把容器坐在温水①盆里，蛋清温度高一点比较容易打发。需要注意的是，打发时需要一边逆时针转盆，一边顺时针画圈移动打蛋器，打蛋头需要一直接触到盆边和盆底，否则边上和底部的蛋清就会打发不足。另外，也要注意不能打发过度。打发蛋清是需要练习的，多做几次就能掌握。

2　在蛋白霜中加入蛋黄，轻轻搅拌均匀。用筛子把自发粉和可可粉分三次筛入，加盐。海绵蛋糕的关键除了蛋白霜打发之外，搅拌手法也是成败的关键。我采用的翻拌手法是先用刮刀从盆中心插入面糊底部，然后向8点钟的方向刮去直到碰到盆壁，顺势舀起面糊提到空中，然后再移回盆中心将面糊放入盆中，左手握住盆边从9点钟方向转到7点钟方向，旋转了60°，就完成了一次循环，大约1秒钟两下。翻拌到面糊完全混合均匀为止，如果有结块，可以用刮刀将它切开再搅拌。

---

① 温水一般在40℃左右，如果
　与酵母混合的话，约35℃。

3　取一小容器，放入牛奶、植物油和香草精，放入一小块
　　面糊拌匀，然后倒入主盆面糊中搅拌均匀。

4　进行步骤1~3的过程中，将烤箱预热至150℃。把面糊
　　倒入8英寸蛋糕模中。放入烤箱，以150℃烤35分钟，
　　再以170℃烤3分钟。

5　烤蛋糕的时候，准备夹心和装饰的奶油。我用马斯卡彭
　　芝士和淡奶油，如果没有马斯卡彭芝士，可以用软芝
　　士，或者只用淡奶油。芝士和糖粉用打蛋器中速搅打
　　2分钟，加入淡奶油慢速搅打至不流动状。

6　烤好的蛋糕放在钢丝架上冷却，盖一块布防止变干。把
　　蛋糕水平切成3片。要想切得平均，可以在面包刀两头
　　夹上分片器，以固定刀子的高度。分片器价格不贵，可
　　以在网上买到。

7　黑巧克力用小刀慢慢刮成碎屑，待用。这需要一点时间
　　和耐心。如果是夏天，可事先把巧克力放进冰箱冷藏
　　1小时再刮。刮的时候，可以隔着一小块纸巾拿住巧克
　　力，防止手的温度使巧克力融化。

8　把奶油涂在一片蛋糕上，然后盖上一片蛋糕，再涂奶
　　油，如此这般，把整个蛋糕里外都涂满奶油，用抹刀
　　刮平。

　　把奶油装进裱花袋，选择自己喜爱的裱花嘴，在蛋糕表
　　面挤上奶油花。然后把巧克力碎沾满蛋糕侧壁。如果不
　　想用裱花袋，可以直接在蛋糕上面撒巧克力碎，更简单。

9　蛋糕放入冰箱冷藏最少3小时。最好冷藏过夜，第二天
　　吃味道更好。第三天味道比第二天还好，前提是蛋糕能
　　留到第三天，因为通常早就一扫而光了。

那不勒斯薄底比萨的秘诀

冬色正浓。

　　早上，向窗外望去，所有的东西都蒙上了薄薄的一层白色，那是略带透明的白色。这不是下雪，而是结霜了。院子里的长青植物被冰霜包裹起来，闪着晶莹微绿的光，草地踩上去"咔咔"作响。冬天终于来了，但她不忍心扼杀，于是把那抹翠绿瞬间封存。

　　冰箱里还有昨天做面包剩的一个面团，做薄饼正合适。自从我开始烤手工面包后，每次揉面都会准备两个面团，一个烤面包，一个烤薄饼。面团在冰箱可以保存好几天，想吃的时候拿出来再发酵就可以了。

因为不是用来做面包，而是要做薄饼底，所以再发酵的过程长一些也没关系，即使过度发酵也不怕有塌陷的问题，反而会积累更丰富的味道。天气冷，上午从冰箱拿出来，五六个小时之后，面团才涨大，表面鼓起了好几个大泡，发酵充足，薄饼的味道令人期待。

薄饼被归类为"垃圾食品"，这估计与不健康的馅料有关。自家制的薄饼，保持馅料简单，用上好的芝士，非但不"垃圾"，反而很健康。在意大利，饼皮薄的番茄芝士薄饼最普遍。这种薄饼底脆，番茄酱酸甜适度，全脂莫扎瑞拉芝士味道浓郁。别看一张简单的薄饼，要做好，还真不容易。好吃的薄饼有四大要素，缺一不可。

首先是面饼，要做到麦香浓，还得有点嚼头。其次是番茄酱，要想酸甜适度，最好用意大利罐装去皮李子番茄（Plum Tomatoes）制作。这种番茄呈椭圆形，味道酸甜适中。把番茄放入搅拌机，搅动一两秒钟，几乎就响一声，简单美味的番茄酱就做成了，千万不要搅得太碎，否则水分会释出。再次，就是芝士。如果要吃薄饼就不要纠结脂肪含量，一定要用全脂莫扎瑞拉芝士，这样不但会有完美的拉丝效果，而且口味是最好的。

最后一个元素与食材没关系，但却是最重要的，就是适当的烤盘。如果用一般的烤盘，烤出来的薄饼位于中间的部分会湿湿的，有可能还不熟，而馅料却可能已被烤焦。有一种薄饼石盘，要先在烤箱高温预热，使石盘储存足够的热度，然后把薄饼放上去，这需要很有技巧。如果你是完美薄饼的追求者，可以考虑专门买一个来用。另外一种办法是用铸铁平底锅来烤薄饼。这样，直接在平底锅里摊平面饼，铺馅料，然后连锅一起入烤箱烘烤，这种方法简单实用，而且平底锅除了烤薄饼外还有许多别的用处。我用的是一种新式烤盘，底部有很多小圆孔，可以烤薄饼、烤薯条，非常好用。

🍲 五香牛肉薄饼 **（2个，直径23厘米）**

Five Spice Beef Pizza

◀ **材料** |

发酵面团：500克（参照
　第12页）
罐装去皮番茄：300克
全脂莫扎瑞拉芝士碎：
　250克
牛肉碎：200克
五香粉：少许
盐：少许
辣椒粉：少许
淀粉：少许
牛至粉：少许
橄榄油：适量
直径23厘米的有孔圆形
　浅烤盘

◀ **做法** |

1　烤箱预热至260℃或烤箱的最高温度。

2　先做番茄酱，去皮番茄放入搅拌机，搅拌1秒钟至黏
　　稠，保留一些小块，千万不要过度打碎。自己做的番茄
　　酱口感会比较清新。

3　牛肉碎放盐、五香粉、辣椒粉，搅拌均匀（按自己的口
　　味，可以适当多放一些五香粉），放少许淀粉搅拌。如
　　果太干，可以放一点水。然后淋少许橄榄油，拌匀。平
　　底锅倒橄榄油，油热后放入拌好的牛肉馅。翻炒至变
　　色，放凉待用。

4　面团分成两个，每个250克。这是薄底薄饼，如果你想
　　要厚底的，恐怕要用350克面团。烤盘底部刷上少许橄
　　榄油，把面团放进烤盘，用手按扁。然后慢慢均匀地伸
　　展面饼直到铺满烤盘。

5　用勺子把番茄酱均匀地涂抹在面饼上。薄薄地撒一层步
　　骤3的牛肉馅。撒上牛至粉（若没有可不加），这样的
　　薄饼就非常有意大利的风味了。最后撒上莫扎瑞拉芝士
　　碎。把烤盘放入烤箱中层，260℃烤15~20分钟。每隔
　　5分钟，看看薄饼表面的变化，防止表面烤焦。如果是
　　厚底的，需要烘烤更长时间。如果表面烤得火大，那么
　　可以把薄饼转至烤箱下层继续烤。

6　出锅的薄饼转移到木板或平盘上切割。配菜可以选用生
　　菜沙拉或白灼西蓝花。

乐观派的巧克力蛋糕

又是年末最后一天，跨年总是悲喜交加。虽然叹息时光荏苒，人终将老去，但是感谢自己不断成长，总是有梦想，有生存下去的理由。

前几天看儿子订阅的科学杂志，有一篇报道研究两种人：盲目乐观的人和悲观主义的人。盲目乐观的人对要做的事充满期望，藐视一切艰难险阻，认定自己最终能成功。而悲观主义的人总是做最坏准备，设想种种可能遇到的困难，降低自己的期望。研究结果显示，悲观主义者较乐观主义者更能达成自己的目标，更成功。乐观派对未来估计不足，容易放弃自己的目标。我是一个彻头彻尾的乐观派。所以，我总是有想法，一会儿想干这个，一会儿想学那个，但能最终坚持下来的不多。然而，我愿意这样盲目乐观下去，希望当我七十岁时，还能每天一早爬起来，对新的一天充满期待。

今天，看了汤姆·汉克斯（Tom Hanks）的新电影《邻里美好的一天》（*A Beautiful Day in the Neighborhood*）。片中的罗杰斯是美国著名儿童节目《罗杰斯先生的邻居》（*Mister Rogers' Neighborhood*）的创始人兼主持人。他热情、温暖、治愈、正能量满满地陪伴了几代儿童观众。每一天节目结束前，他总是说："你让今天变得特别，因为你是你。这世间上没人与你相同，我喜欢这个样子的你。"这是我们每天应该对孩子们说的话。我们爱孩子不是因为他们将会成为什么样的人，而是因为爱他们原本的样子，爱他们的现在。

　　跨年最喜欢与家人分享美味的蛋糕。草莓和巧克力原本就很配，用草莓和蓝莓做巧克力蛋糕的装饰，给浓郁的蛋糕带来一抹清新和妩媚。切一块，向着阳光，看夹层中的草莓，半透明的红色，闪着光。午夜时分，当外面烟火绚烂、炮声隆隆的时候，围坐在火炉前，与蛋糕和美酒相伴，共同期待新年。

食谱 巧克力草莓蛋糕 （6英寸）

Chocolate Strawberry Cake

◢ 材料 |

海绵蛋糕坯
鸡蛋：3个
白砂糖：80克
自发粉：85克
可可粉：8克
黄油：30克

糖水
白砂糖：30克
水：30毫升

巧克力奶油糖霜
黑巧克力：80克
淡奶油：380克

小草莓：13个
蓝莓：若干
糖粉：少许

做装饰的草莓最好选择个头比较小的。

做法

1   烤箱预热至170℃。

2   这次的海绵蛋糕坯用全蛋法制作。比起分蛋法，全蛋法更容易，更节约时间。

    把装有鸡蛋和白砂糖的容器放进一个装有50℃热水的盆里，使鸡蛋温度升高到大约35℃，这样比较容易打发。打蛋器快速搅打到颜色变白、泡沫细腻。中速继续搅打到出现纹路，拎起打蛋头，蛋糊缓慢滴下，与盆里的蛋糊不会马上融合，就好了。海绵蛋糕膨松的关键在于材料的平衡原则，即干湿平衡、强弱平衡。蛋白发泡，形成一定硬度的泡沫结构，支撑蛋糕。糖在海绵蛋糕中的地位非常重要，通常用量与面粉量接近。如果糖量下降到面粉量的70%以下时，将明显影响蛋糕的膨松度、体积和滋润度。在海绵蛋糕的传统食谱中，鸡蛋、糖和面粉的比例为1:1:1。

3   分3次筛入自发粉和可可粉，用刮刀以翻拌的方法搅拌均匀。黄油隔水加热至化开，取少量面糊与黄油拌匀，再倒入主面糊中，这样容易搅拌均匀。

4   蛋糕模用烘焙纸垫好，倒入面糊。放入烤箱，以170℃烤15分钟，让蛋糕膨胀，再用140℃烤15分钟，使其定形，以免塌陷。烤好的蛋糕脱模后，放在钢丝架上冷却，用一块纱布盖上，防止变干。

5   黑巧克力切碎，放进微波炉加热至化开，稍微冷却一下，再与80克淡奶油混合，拌匀成巧克力奶油。要注意的是巧克力温度不能太高，否则会导致奶油的油水分离。然后把巧克力奶油倒入300克淡奶油中，用打蛋器搅打至黏稠的膏状。

6   准备好糖水。待蛋糕凉透，从中间水平切开成两片。用小刷子蘸糖水，均匀刷在蛋糕切面上。

7   把5个草莓纵向切成稍厚的片，另外5个纵向切成两半。

8   在一片蛋糕上涂抹巧克力奶油，可以涂厚些，然后把草莓片尖端指向中央，摆一圈，确定草莓片嵌入奶油中。盖上另外一片蛋糕，继续把整个蛋糕涂上奶油。侧面涂抹奶油后用抹刀轻按，形成纵向装饰花纹。

9   剩下的奶油用打蛋器继续打到稍硬，用来做蛋糕花。如果这时候奶油的温度有些高了，可以放进裱花袋后，放入冰箱冷藏1小时后再裱花。选自己喜欢的裱花嘴，在蛋糕上挤奶油花。

    这时，经常会发生奶油花分布不均的情况，可以事先在蛋糕上做记号，平均分配奶油花的位置。在蛋糕外圈装饰好一圈奶油花后，就开始放置草莓，把切半的草莓一个搭一个，围成一圈。最后在中间再放置3个完整的草莓。然后用蓝莓做点缀。撒上薄薄一层糖粉即可。

切开，看看里面的草莓，晶莹透亮，咬一口，巧克力的醇香配草莓的清甜，回味无穷。

一月
January

罗马传说中有一位名叫雅努斯（Janus）的守护神，生来有两张脸，一张回顾过去，一张展望未来。这位天宫的守门人，会在每天早晨把天宫的门打开，让阳光照耀大地；晚上把门关上，让夜幕降临。古罗马人认为雅努斯象征着一切事物的善始善终。新年伊始，古罗马人会互赠刻有雅努斯头像的钱币，以示祝愿。于是就用他的拉丁文名字"January"作为第一个月的英文名，有除旧迎新的意义。

一月的英国最冷，但是英格兰地区并不是年年有雪，最近几年的冬天是暖冬。英国的冬天夜很长，白天短，围炉夜话倒也惬意。

1月1日：新年

没有可乐的可乐饼

冬天天亮得很晚，小区的黎明静悄悄的。

　　现在学校还在放圣诞和新年的假期，早上的社区静悄悄的，8:00天才开始亮，我算是顶着月光去游泳健身了。虽然冬天天亮得很晚，我还是喜欢早起，10:00之前就吃完早餐，运动归来。这时太阳已经出来，整个世界又开始充满活力。孩子们还在睡懒觉，我就开始准备早午餐。

原来在香港的时候，我们很喜欢吃吉之岛①的炸可乐饼。接孩子放学后路过，经常会每人买一两只趁热吃。可乐饼其实是西方食品，西方人会把鸡肉和鱼排包裹面包糠油炸，这类食品在超市里占一个大类别。但是我们喜欢吃的这种可乐饼是日本人发扬光大的。"可乐"二字来自法语"Croquette"，日语为"Korokke"，音似"可乐"，所以叫"可乐饼"。日本改良的可乐饼是用土豆泥加入洋葱和肉末，捏成椭圆形，裹上面包糠，油炸而成。

　　可乐饼的核心食材是土豆。土豆营养丰富，热量低于精制谷类粮食，含有丰富的微量元素和维生素，老少皆宜。有些朋友怕胖而不吃淀粉，但其实土豆、红薯和芋头这类淀粉类食品没有经过精加工，升糖指数较低，比白米、白面健康很多。当然，今天既然吃油炸可乐饼，就暂且不谈减肥。

　　可乐饼中的肉类，我选用的是牛肉，换成猪肉或鸡肉当然也可以。另外，喜欢海鲜的朋友还可以加入鱿鱼和鲜虾等。炸好的可乐饼趁热享用，外酥里嫩，配爽口的圆白菜沙拉，小孩最喜欢。

---

① 即佳世客，现改名"永旺"。

咖喱牛肉可乐饼 （4人份）

Curry Beef Croquette

材料

土豆：4个（700克）
洋葱：1个（中型）
牛肉馅：300克
盐：适量
黑胡椒粉：适量
咖喱粉：适量
水淀粉：少许
高筋面粉：1碗
鸡蛋：1个
面包糠：1碗
橄榄油：适量

圆白菜切成细丝，用冰水浸泡一下，沥干，淋上蛋黄酱做成配菜。再来两杯冷牛奶和一小碟番茄酱。美味可口的咖喱牛肉可乐饼早午餐就好了。

做法

1 土豆去皮，切片蒸熟。用叉子大致捣碎，也不需要太碎，有些小块口感更好。洋葱切小丁。牛肉馅加少许水淀粉，拌匀。平底锅放入少量橄榄油，洋葱炒至透明取出。再放入少许橄榄油，牛肉馅炒至变色后，加入洋葱翻炒几下，倒入土豆泥中，拌匀。加盐、黑胡椒粉和适量咖喱粉调味。若不喜欢咖喱可不加，原味就很好吃。

2 取3个平底盘子，分别放上高筋面粉、打散的鸡蛋和面包糠。这一个步骤要有条不紊地进行，否则你的台面会很乱，手会搞得黏糊糊，厨房变成战场。首先要注意，湿的材料要用工具处理，干的材料用手。即裹鸡蛋液的时候不要用手，否则手会变得黏糊糊，从而沾上很多面粉和面包糠。

用手把加了材料的土豆泥捏成椭圆形，不要太大，这样才容易处理。先蘸干面粉，将多余的拍掉，这样面衣才不容易掉。然后用一个小铲子帮忙蘸鸡蛋液，最后就是裹上面包糠了，可以用手操作，再整理一下形状。取一个大盘子，把裹好面包粉的可乐饼摆在盘中。

3 取一个深锅，倒入足够多的油，起码能没过可乐饼，因为面包糠很吸油，所以油要多一些。油温大约170℃就可以下锅炸。一次不要炸太多，免得油温下降。炸一会儿，翻面再炸，两面金黄就可以了。因为材料本身就是熟的，所以只要表皮炸得酥脆即可。炸好的可乐饼放在钢丝架上，趁热享用。

平凡的珍馐美味

院子里种的板栗南瓜成熟了。

　　十一月储存了几个板栗南瓜，其中有两个是院子里摘的，小小的、圆溜溜的、墨绿色的南瓜头，可爱至极。在万圣节的时候，英国超市里有各种各样的南瓜，除了那种用来做南瓜灯的橙色大南瓜和常年都有供应的奶油南瓜外，还有多个品种的小南瓜。它们被装在一个大篮子中售卖，这种板栗南瓜也混迹其中。我一般会挑几个买来储存，留到冬天再吃。过了万圣节，这些小南瓜就绝迹了，再买要等到第二年的十月份。

　　板栗南瓜最好用来炸天妇罗，面衣酥脆轻薄，南瓜软糯绵甜。板栗南瓜的皮很好吃，也容易熟，可以蒸来吃，也可以切厚片并用平底锅煎烤，或者与土豆一起炖着吃，无论如何都是平凡的珍馐美味。

　　今天打算用板栗南瓜做意大利面的酱汁，食谱来自日本美食作家山下胜（MASA）。

　　做意大利面就要用到培根，在英国超市里，培根占据着冰鲜冷柜的显眼位置，是一个大家族；肥瘦相间的、偏瘦的、烟熏的、原味的、风干的，还有意大利原产的等等，总有一款适合你。我选择了肥瘦相间的五花培根，小火慢慢煎香，油脂煎出来之后，培根会变得干燥、脆口，嚼起来很香。锅里的油不要倒掉，用来炒洋葱和蘑菇等配料风味绝佳。食谱中还包括淡奶油和巴马臣芝士，用来制作意大利面的南瓜汁。其实这种南瓜酱汁与奶酱很相似，但用南瓜代替了大部分黄油与面粉，更健康。

　　裹满金黄色南瓜汁的意大利面，撒上脆培根碎，再撒点巴马臣芝士，用叉子卷一下放入口中。请闭上眼睛，用心品味。南瓜汁融合了南瓜的鲜甜、蘑菇的山野气息和浓郁的奶香，风味十足，让人一试难忘。咀嚼起来，弹性十足的意大利面、酥脆咸香的培根和柔软的蘑菇，多层次的口感，没有让人不爱的理由。

板栗南瓜培根意大利面 （2人份）

Spaghetti with Kabocha & Bacon

◆ 材料 |

意大利面：200克
板栗南瓜：300克
洋葱：1/2个
蟹味菇：100克
培根：4片
牛奶：200毫升
淡奶油：100毫升
盐：适量
黑胡椒粉：适量
巴马臣芝士碎：少许

◆ 做法 |

1　南瓜去皮，切大片，隔水蒸熟。其实板栗南瓜的皮是好吃的，但如果加入绿色的皮做成酱汁的话，就会影响酱汁的颜色。去皮的南瓜制成的酱汁是金黄色的，很漂亮。

2　培根切小块，下锅小火煎出油，不时地翻动，使其均匀受热，培根会缩小、变硬，颜色变深，此时便好了。培根出锅，待用。南瓜蒸熟后放入大碗，用叉子搅碎，待用。

3　深锅里注水，按照6：100（盐：水）的比例加入盐，煮开，下意大利面煮约8分钟后，用冷水冲洗，待用。

4　洋葱切丁。用刚才煎培根的锅炒洋葱，洋葱炒香，变透明后加入蟹味菇翻炒。然后加入南瓜泥、牛奶和淡奶油搅拌均匀，再加少许盐和黑胡椒粉调味，并利用牛奶调节酱汁的浓稠度。小火煮开，放入意大利面和一半分量的培根，让意大利面充分吸收酱汁。

5　装盘，撒上剩下的培根、巴马臣芝士碎和少许黑胡椒粉。趁热享用即可。

千奇百怪的意大利面

形状像米粒的"Orzo"，中文叫米粒意面。

　　"Pasta"是意大利语，即意大利面食的意思，包括各种形状的意大利面。每一种形状的意大利面都另外有专门的名字。长条形的意大利面有细面（Spaghetti），它和中国的面条最相似，粗细度以数字做编排；还有扁意面、特细的天使面。中间空的有通心粉、半月管面、葱管面和斜管面等。另外还有扭曲的螺旋面、猫耳朵形状的耳形面、蝴蝶面、贝壳面等，可谓千奇百怪、应有尽有。

生性浪漫的意大利人对待面食富有浪漫情怀，无论是面的形状还是搭配的酱汁，都有无限可能。据说，现在市面上有350种不同形状的意面。地中海艳阳下鲜红的番茄、剔透的橄榄油和朴实的意大利面象征了意大利人乐观浪漫的生活态度，恐怕没有比意大利人更知道人生应如何享乐的了。

　　曾经很奇怪，为什么意大利面是黄色的，虽然成分中有鸡蛋，但鸡蛋的比例很难主导成品的颜色。原来，意大利面是由杜兰小麦粉制成的。杜兰小麦呈金黄色，质地坚硬，具有高密度、高蛋白质、高筋度的特点，欧洲的意大利面都标有"Drum"（杜兰）字样。由杜兰小麦粉制成的意面通体金黄，耐煮且口感好。据说意面的升糖指数低，类似于豆类果实，低于裸麦面包，所以颇健康。

　　生活在西方，有时难免有乡愁，但是海外生涯拓展了我的视野，把我打造得颇具柔韧性，就像《托斯卡纳艳阳下》（*Under the Tuscan Sun*）的弗朗西斯说的："像球一样，可以在很多方向上生活。"

　　身在异乡为异客。入乡随俗，意面也成了我家的常备食品。意面的做法堪比意面的形状，创意多多。在香港，意面被做成汤意面、炒意面，更贴近中国人的口味。曾经有一个来英国读书的朋友，嫌唐人街的挂面太贵，就买便宜的意大利面条来做"炸酱面"，这"炸酱意面"一直被我奉为最具创意的中西合璧料理。

　　有一种意面，形状像米粒，叫作"Orzo"，中文是"米粒意面"。米粒意面来自意大利，但在希腊很普遍，经常被用来做汤、凉拌沙拉、烤锅炖菜，或作为酿辣椒与酿南瓜的填充食材。

　　今天的烤锅鸡排米粒意面只需用到一口锅，不但简单易做，清洗工作少，还可以一早做好，出去逛街回来，放进烤箱烤一下就可以轻松搞定晚餐。米粒意面有嚼头，吸尽鸡腿和番茄酱汁的精华，粒粒美味。剩下的米粒意面与番茄和黄瓜凉拌成沙拉，在家就可以享用地中海式美味晚餐了。

⑨ 烤锅鸡排米粒意面配沙拉 （4人份）
One Pot Mediterranean Chicken Orzo

◆ 材料 |

去骨带皮鸡腿：8只
　（1千克）
米粒意面：300克
罐装番茄：400克
鸡味浓汤宝：1粒
洋葱：1/2个
大蒜：2瓣
黄油：15克
橄榄油：少许
盐：适量
黑胡椒粉：适量
淡奶油：少许
巴马臣芝士：少许

米粒意面沙拉

米粒意面：200克
小黄瓜：3根
圣女果：15个
橄榄油：少许
醋：少许
盐：适量
白砂糖：少许

◆ 做法 |

1　洋葱切丁，大蒜切末。鸡腿去骨后清洗干净，用厨房纸吸干水分，双面撒少许盐和黑胡椒粉，给鸡腿肉添上底味。平底锅下黄油和橄榄油，鸡腿有皮的一面向下，小火煎至表皮金黄，翻面继续煎约4分钟，取出待用。

2　锅内的煎鸡腿油脂富有风味，用来炒洋葱丁。洋葱炒至透明变软，下蒜末，炒香。米粒意面下锅翻炒一两分钟，放入罐装番茄和浓汤宝，放盐、黑胡椒粉调味。罐装番茄最好选用意大利的去皮李子番茄，这种番茄颜色鲜艳，味道浓郁，酸甜比例恰到好处。如果选用新鲜番茄，则需加入适量番茄膏和番茄酱调整颜色和味道。最后加入适量的水，大约与米粒意面齐平即可。小火炖煮约15分钟。

3　这时候，开始做米粒意面沙拉。清水和盐的比例是100：6，混合后的盐水像地中海的海水一样咸。下米粒意面，煮好，沥干，冷却。小黄瓜切片，圣女果切成两半，用盐、醋、白砂糖和橄榄油调味，拌匀即可。

4　这时候可以尝尝米粒意面是否变软，通常包装上会写大约煮10分钟，但是用酱汁要比用水煮的时间长。煮大约15分钟，可以调整水量，若面太硬，可以适当添加水。当米粒意面煮至八分熟时，倒入少量淡奶油，搅拌均匀，把鸡腿摆入锅中，加盖再煮约5分钟。享用前，撒上黑胡椒粉和巴马臣芝士碎。

TIPS
如果早上煮好，留到晚餐吃的话，最好用铸铁锅，这样晚上直接放进烤箱烤40分钟即可。沙拉的食材可以事先切好放入容器内，包保鲜膜放入冰箱保存，餐前再进行调味，这样蔬菜便不会释出水分。

最好的马德拉

　　周末是烘焙的好时候，看着刚出炉的蛋糕被家人快速消灭掉，这种快感堪比目睹面粉、黄油、鸡蛋和糖经过烘烤产生的巨变。做蛋糕是一件说难也不难、说不难也难的事。我不想把做蛋糕说得轻而易举，以此来说服别人开始尝试。但做蛋糕的的确确让人心满意足，精神疗愈效果惊人。

　　在逐步积累经验的过程中，开始明白基础材料（例如面粉、黄油、鸡蛋和糖）混合后经过烘烤而产生的神奇化学反应。烤蛋糕确实是一件需要精确计算的事，最好缺乏创意，跟足食谱。这与烹饪大不相同，如果说烹饪是写诗，那么烤蛋糕就是套用化学公式，恐怕这也是为什么我起步较晚的原因。炖一个烤锅菜，可以凭直觉任意添加食材和调味料，尽情发挥创意，做出个性十足的料理；但做蛋糕则全然相反，从食材的添加顺序、比例的略微变化，到搅拌的特别手法都会影响成品的外形与风味，这种影响造成的结果可能不是个性化，而是灾难。每一个蛋糕都不完美，哪怕用同一个食谱，每次出炉都有所不同。好的蛋糕食谱像勾股定理，流芳百世，值得世人尊敬。

　　另一方面，烤蛋糕又是容易的，因为有章可循，做个听话听教的乖小孩就成功了一大半。学习烤蛋糕，如果从戚风蛋糕学起，怕是会饱受挫折，但如果从今天介绍的马德拉蛋糕开始，就容易首战告捷，信心大增。

马德拉蛋糕是英国传统经典茶点。马德拉是葡萄牙的一个小岛，盛产马德拉酒，但马德拉蛋糕里并没有酒，而是因为经常被用来搭配马德拉酒而得名。马德拉蛋糕配方最早出现在伊丽莎·艾克顿（Eliza Acton）1845年出版的烹饪书《家常现代烹饪》（*Modern Cookery for Private Families*）中。伊丽莎写道："好的马德拉蛋糕应按照下列方法制作。打散4个新鲜的鸡蛋，尽量打发，按照顺序逐步加入以下食材：6盎司①过筛白砂糖、6盎司过筛干面粉、4盎司不加热的室温软黄油、1个柠檬的皮屑；入模之前加入1/3茶匙苏打粉，搅拌均匀。中等温度烤1小时。"

　　烤好的马德拉蛋糕不像海绵蛋糕轻薄软绵，也没有磅蛋糕的油腻厚重，口感和质地介于两者之间的完美地带。当你吃腻了奶油芝士，厌倦了糖霜裱花，简单朴实的马德拉蛋糕就像忠实的老朋友，张开温暖的臂膀，给你宽慰与欣喜。享受马德拉蛋糕，从切蛋糕开始，请用有锯齿的面包刀，刀下簌簌作响，松脆的表皮散落少许碎末，但每一片都完好无损。伊丽莎说："好的马德拉蛋糕松软又不失湿润。"浓郁的柠檬香气在口中弥漫开来，蛋香、奶香紧随其后。这时，啜一口清茶，红尘来去一场梦，浮名一朝转眼无踪，何必苦争锋。

　　今天的马德拉蛋糕食谱来自娜杰拉·劳森（Nigella Lawson）的《如何成为家庭女神》（*How to be a Domestic Goddess*），这是她婆婆给她的食谱，她说这是迄今为止最好的马德拉蛋糕食谱。如今不少马德拉食谱都加入杏仁粉等各种材料，娜杰拉的食谱中，干材料是自发粉和普通面粉，这是最传统的做法，味道和口感也是最好的。

---

① 1盎司约为28克。

⊛马德拉蛋糕 （6人份）

Madeira Cake

❧材料 |

室温软化黄油：240克
白砂糖：240克
柠檬：1个
鸡蛋：3个
自发粉：210克
普通面粉：90克

长23厘米、宽13厘米、高7厘米
　的磅蛋糕模具

❧做法 |

1　烤箱预热至170℃。柠檬皮削成细屑，
　　果肉榨汁。

2　自发粉与普通面粉混合（下文称"面粉"）。

3　打发黄油和白砂糖（留少许白砂糖撒
　　面），加入柠檬皮屑。将鸡蛋逐个加入，
　　再加1汤匙面粉，搅拌均匀。然后逐量加
　　入剩余的面粉，轻柔搅拌，最后加入柠
　　檬汁。再装入磅蛋糕模具中。

4　入烤箱前，撒上少许白砂糖，烤1小时。
　　用牙签插入蛋糕，牙签取出若没有沾上
　　面糊就代表烤好了。

5　待蛋糕稍微冷却，脱模，将其置于钢丝
　　架上继续冷却。为了防止干燥，盖一块
　　纱布，冷却后放进密封盒中即可。

隆冬腊月不减肥

　　隆冬腊月最想吃的莫过于煲仔饭。在香港油麻地庙街路边的煲仔饭摊档，炭火炉子上烤着一排用铁丝加固的小砂锅，老板手执铁钳不时地转动砂锅，使其均匀受热。熟客一坐稳，诡诡然举起两根手指，只道"双拼"，伙计就心领神会。这双拼指的就是腊味煲仔饭——广式腊肠拼腊肉。腊肠斜切薄片，腊肉是五花肉，也切薄片。晶莹剔透的腊味下，雪白的丝苗米饭吸取了腊味的精华，灵魂得到升华。锅盖一打开，饭香、肉香扑面而来。

　　吃煲仔饭不能着急，沿着"热辣辣"的砂锅边缘转圈浇上甜酱油，只听见噼啪作响。煲仔饭必须配铁勺，塑胶勺、木勺完全不能胜任。光荣时刻到来了，用铁勺上下翻动，打乱排得整齐有序的腊味，让米饭和腊味充分混合。

　　然后，铁勺的功能开始完美体现，贴着锅边把金黄色的锅巴刮下来。吃吧，米饭饱含汤汁，浓郁咸香；腊肠、腊肉肥而不腻，温润可口；时不时地嚼到香脆的锅巴，口感立刻复杂有趣起来。如果说那碟黑亮的酱油是煲仔饭的点睛之笔，那么咸香焦脆的锅巴则让煲仔饭彻底摆脱了平庸。每位吃客都神情专注，吃几口，贴着锅边再翻动几下，口中咸甜交融，柔软和酥脆并进，个中滋味非言语能形容。这挂着炭灰、缠着铁丝、缺了口的土黄色小砂煲里，似乎不只装着腊味和米饭，还满载着生活的欢欣与幸福。

煲仔饭源自广东,以砂锅为煮饭器皿,广东人称砂锅为"煲仔","煲仔饭"也因此得名。饭上加盖肉类配料的吃法有两千多年的历史。《礼记注疏》中记载,周代八珍中的第一珍"淳熬":"煎醢加于陆稻上,沃之以膏",即将肉酱煎熬之后,加在旱稻做成的饭上,然后再浇上油脂而成。第二珍"淳母"做法类似,但以黄米做材料。八珍中有两珍都用盖浇的做法,可见当时这是名贵的吃法。韦巨源的《食谱》中提到唐代的"御黄王母饭"是"编缕(肉丝)和卵脂(蛋)盖饭面表杂味",更具风味。

煲仔饭种类繁多,有腊味、滑鸡、叉烧、卤味、排骨和田鸡等。好的煲仔饭,最讲究用米和火候。米宜选丝苗米或泰国香米,清香柔软、米粒细长不易烂,容易吸收酱汁,烤成的锅巴特别酥脆。放米之后,一煲饭大约需要20分钟,肉类和米一锅熟,煲身要经常转动,以保证受热均匀。要烤出完美的锅巴有一个秘诀,快好的时候,沿着锅边转圈倒入适量的油,再小火烤一会儿,不时地倾斜砂锅,这样烤出来的锅巴分布均匀,焦脆可口。

如今香港庙街在千里之外,远水救不了近火。要解馋,还得自己动手,煲仔饭的做法一点都不难,现在就开始做吧。

腊味煲仔饭 （4人份）
Hong Kong Style Claypot Rice

◀ 材料 |

腊肠：2根
腊肉：1/2条
泰国香米：2杯
虾干：少许
小油菜：2棵
生抽：适量
老抽：适量
白砂糖：适量
小葱：1棵
姜：少许
鸡粉：少许
橄榄油：适量

◀ 做法 |

1 腊肠、腊肉切片，备用。小油菜焯水，备用。姜切丝。小葱切葱花。

2 准备一口砂锅，放入洗净的米，米和水的比例为1:1.5。小火开始焖饭。米饭中的水干了后，摆上腊味和虾干。腊味最好一片叠一片地转圈摆放，腊肠和腊肉交替。摆好腊味，再摆上虾干，没有虾干也无妨。

3 调制酱油。小锅下少量橄榄油，下姜丝和葱花，炒香，倒入老抽和生抽，加白砂糖和鸡粉调味。可以尝一尝，调到自己喜欢的咸甜度。

4 米饭焖15分钟以后，顺锅边转圈淋入适量橄榄油，再焖5分钟。其间转动并倾斜砂锅，以确保锅巴分布均匀。开盖，放入小油菜，淋上步骤3的酱油，就可以吃了。

一吃难忘的港式美味

　　有些人认为，人的一生是否幸福取决于他/她是否找到一生的事业、自己热爱的工作。林语堂在《生活的艺术》中写道："现在男女所从事的职业，我很疑心有百分之九十是属于非其所好。我们常听人夸说：'我很爱我的工作。'但这句话是否言出于衷颇是一个问题。我们从没有听人说：'我爱我的家。'因为这是当然的，是不言而喻的。"这般论述似乎永远都不会过时，家庭为我们提供安全的避风港、最放松的休憩空间；家人是最亲密的消遣玩伴，让我们感受到最无私的关爱。春节快到了，人们纷纷返家，置办年货，当然最重要的不过是吃上一口家乡的味道。我离家早，儿时物质短缺，过年除了多几个肉菜之外，没有什么特别令人怀念的菜肴。

　　后来在香港住的时间颇长，对萝卜糕一往情深。港式萝卜糕用应季的白萝卜，加入腊肠、虾米和瑶柱，咸鲜软糯，入口即化。第一次吃萝卜糕是在香港茶楼，一吃难忘。新鲜出笼的萝卜糕，可以立即用小茶匙舀来吃。而最普遍的吃法是切厚片，小火煎至两面金黄，蘸蒜蓉辣椒酱吃。

　　吃萝卜糕，我喜欢用木头制的尖头筷子，用尖细的筷子来伺候纤嫩易碎的萝卜糕最合适不过了。筷子尖轻轻一夹，萝卜糕分成两块，中间冒出一股热气，趁热蘸鲜红的蒜蓉辣椒酱，放入口中，外焦里嫩，那层薄薄的脆皮瞬间被柔嫩的糕粉冲破，融化开来的是腊肠虾米的咸鲜、萝卜的清甜和蒜蓉辣椒酱的刺激快感。

最妙的是当中还有少许未完全融化的萝卜，真是柳暗花明又一村。还有一种流行的吃法是把萝卜糕切成2厘米见方的方块，与XO酱一起炒，这就是茶餐厅的XO酱炒萝卜糕。炒好的萝卜糕金黄透着些许辣椒红，萝卜的温和内敛与XO酱的张扬浓郁一唱一和，出奇地协调，是少有的人间美味。

　　做萝卜糕的关键在于掌握调粉的比例，做出来的萝卜糕才能避免口感太硬或易碎不成形的问题。今天的食谱用了马蹄粉，口感好而且不黏刀。如果没有马蹄粉，可以用淀粉代替。另外，萝卜一半刨丝，另一半切成粗条，这样才能入口即化，同时又保留部分萝卜的口感。蒸萝卜糕的时候宜选用大型蒸锅，大火蒸，底层的水要放足，以免干锅。掌握了这些技巧，做萝卜糕就只需好体力，努力刨丝即可。

📖 港式萝卜糕 **（4盒）**
Hong Kong Style Turnip Cake

❦ **材料** |

粘米粉：300克
马蹄粉：60克
水：600毫升
萝卜：1500克
广式腊肠：3根
虾米：50克
瑶柱：40克
橄榄油：30毫升
盐：10克
白胡椒粉：6克
鸡精：15克

长20厘米、宽10厘米、
　高6厘米的锡纸快餐盒

❦ **做法** |

1　萝卜一半刨丝，一半切成1厘米厚的条。把粘米粉、马
　蹄粉和水混合，搅匀待用。腊肠切丁，瑶柱和虾米切粗
　粒。建议不要放香菇，因为菇类容易变质，从而大大缩
　短萝卜糕的储存时间。

2　平底锅下橄榄油，小火炒香腊肠、虾米和瑶柱（留少
　许装饰用），倒入萝卜炒熟，加盐、白胡椒粉和鸡精调
　味。分两次把炒熟的萝卜加入调好的粉浆中，搅拌均
　匀。因为萝卜温度高，分两次有利于降温，这样粉浆呈
　半生半熟状态。把粉浆倒入容器，在表面撒上瑶柱、虾
　米、腊肠丁做装饰。我用锡纸快餐盒做蒸糕的容器，方
　便在冰箱储存。

3　取大号蒸锅，加足水，两层可以蒸4盒，大火蒸15分钟
　之后转中火蒸45分钟。蒸完取出冷却，如果不及时从
　蒸锅取出，水蒸气产生的水会滴入萝卜糕，影响口感。
　冷却后盖上盖子，放入冰箱可以保存2周左右。一年蒸
　一次，一次多蒸些，慢慢吃到正月十五，这个年才真正
　过完。

港式萝卜糕的主要配料：腊肠、虾米、瑶柱等。

年年升高

　　农历新年在即，市中心的唐人街又挂起了大红灯笼，喜爱各种节日的外国人当然不能放过中国的春节。中国餐馆纷纷装扮起来，把爆竹、春联、灯笼和各种大红挂饰挂在显眼的地方，餐牌也换成中国农历新年特别菜单，有的餐馆还将在除夕开始一连几天上演舞狮表演，座位一早就被订光。国外的春节倒好像是给外国人过的，而中国人则是趁着过年的时机努力赚钱。

　　小时候一到冬天就日日盼着过年，快到过年了就更是乐不可支，因为过年有新衣服穿，有烟花放，最主要的是有好吃的。东北的冬天，冻梨、冻柿子比冰棍还好吃，给我们这些小孩解了不少馋。还有用八角、花椒等五香作料煮的瓜子和花生，放在暖气上日烤夜烤，快到过年就烤好了，它们香脆可口、风味独特，是现在超市里的瓜子无可企及的。

　　在中国，很多地方过年时都有吃年糕的习俗。《帝京景物略》载："正月元旦，夙兴盥漱，啖黍糕，曰'年年糕'。"《湖广书德安府》云："元旦比户，以爆竹声角胜，村中人必致糕相饷，俗曰：年糕。"年糕是"年高"的谐音，有年年升高、长命百岁、长高长大的意思。

　　北方的年糕以甜的为主，北京有江米和黄米制成的年糕，东北的黏豆包是用大黄米粉包豆子制成的，且算是东北年糕。小小圆圆的黄色小包子放在玉米叶上，入锅蒸熟后，蘸白糖吃。农村老乡带来的黏豆包，有的发酵久了，有些许酸味，反倒别有一番风味。东北的街头经常能买到朝鲜打糕,蘸豆面吃,很香。还有一种切糕,小贩用刀从一大板年糕上切下一小块,中间夹着大芸豆,蘸白糖吃,卖相很诱人。

我家祖籍是江西,叔叔、姑姑在过年时会寄年糕和豆面来。江西的年糕,金黄色、圆圆的一大块,据说是加了草木灰调成的植物碱水,所以呈金黄色。爸爸会将年糕切片,裹鸡蛋液煎,再蘸上白糖和豆面,豆面是用炒熟的黄豆磨粉制成。蘸了白糖和豆面的年糕又香又甜,还有淡淡的碱水味,软糯可口。老家的年糕和豆面承载着浓浓的亲情,在物质缺乏的年代更显得矜贵美味,是童年不可磨灭的记忆。

江南的年糕是白色淡味的,可切片炒或者煮汤,这与韩国年糕异曲同工。以前在上海工作时,同事都喜欢炒年糕,中午出去吃饭,通常会叫上一盘,如果刚巧是排骨年糕就更妙了。那年糕软糯酥脆,又有排骨的香味,糯中发香,略带甜辣味,既摆脱了主食的单调,又没有肉菜的油腻,堪称一绝。

广式年糕是用红片糖做成的,橙红色,很喜庆。香港流行椰汁年糕,做成锦鲤造型最讨喜。橘红色的大鲤鱼,油光锃亮,好看、好吃,意头更好。年糕切片,慢火煎软,如果喜欢裹蛋液吃可以在这时倒入。我喜欢把年糕表面煎脆,多一层口感。

年糕其实很容易做,但不能全部用糯米粉,这样的年糕太软,煎不成形,会弄得很狼狈。煎年糕的时候,油稍微多些,一锅不要煎太多,每块之间留有足够的缝隙,防止年糕粘在一起。还有,如果要裹蛋液,要等煎软之后,对准年糕,先向锅中慢慢倒入少许蛋液,然后把年糕片翻过来,再倒入少许蛋液。干的年糕片放在鸡蛋液里,是无论如何也挂不上蛋液的。

椰汁年糕 （2盒）
Coconut Milk Rice Cake

◀ 材料 |

糯米粉：450克
澄面粉：150克
片糖：400克
水：500毫升
椰汁：200毫升
植物油：50毫升

长20厘米、宽10厘米、高6厘米
的锡纸快餐盒

◀ 做法 |

1 先将糯米粉和澄面粉混合，待用。把片
糖放入水中，小火加热至化开。煮好的
糖水加入椰汁和植物油。这时液体温
度不太高，分几次慢慢加入混合好的粉
中。搅拌均匀，粉浆呈浓稠流动状，提
起搅拌棒，粉浆呈带状流下就差不多了。

2 容器刷上少许油（配方用量外），倒入粉
浆，在容器上盖一层保鲜膜或锡纸，大
火蒸15分钟后转中火蒸45分钟。可以用
牙签插入，如果没有带出粉浆，就是熟
了。用锡纸快餐盒可以做2盒。冷却后，
盖上盖子，放入冰箱可保存数周。

年夜饭的硬菜

　　明天就是年三十，作为家庭"煮妇"，为了明天那顿年夜饭，今天是最忙碌的一天。年夜饭是一年之中最重要的一顿饭，一家人欢欢喜喜地吃饱吃好，开启新的一年，这种思想在中国人的心中根深蒂固。以前在香港的时候，我经常预定盆菜①，来到英国当然没有盆菜供应，就下定决心自己张罗年夜饭。

　　烹饪虽然累人，但的确是一件有意思的事。有些人从来不煮饭，连做几餐就叫苦不迭。这个世界当然有人只懂吃不懂做，但真真正正的美食家大多都很有烹饪心得。不懂烹饪的人，除非是富豪或皇室，否则必定免不了经常将就着吃。在英国，超市里的微波食品多得"令人发指"，印度餐、中餐、意大利餐、炸鱼薯条、各色糕点……从前菜到甜点，都可以买现成的，回家用微波炉加热，或者塞入烤箱烘烤即可。这种半成食品经常会被打包在各色纸盒中，想吃何种风味便买一盒，里面主菜、配菜都已搭配好。如果想吃沙拉，再随手拿一包洗净切好的沙拉包，随包还附送沙拉酱，真是懒人的福音。有些上班族会在周末买六盒微波食品，放进冰箱，每天回家，加热一盒就是晚餐。这倒是方便省事，但味道就只能退而求其次。且不说高油高盐、用料不实惠，还着实辜负了西方房屋的大好厨房。

　　现代社会，无烟火气的生活越来越流行。想起林语堂所说：

---

① 盆菜：中国香港新界围村居民传统的杂烩菜式，用盆状容器承载。食物按照一定次序一层层地摆放，比较名贵的食物（如大虾和鸡等）摆在上层；容易吸收汤汁的猪皮和萝卜等摆在下层。

"一个人如若只为了工作而进食，而不是为需进食而工作，实属不合情理。我们需对己身仁慈慷慨，方会对别人仁慈慷慨。"广东话把出门工作说成"揾食"，实属精妙。"揾"是找的意思，"揾食"就是"找生计"的意思，点破了工作的主观动机。既然大家都为口奔波，为什么不认真为自己煮一顿饭呢？

林语堂又说："如若一个人能在清晨未起身时，很清醒地屈指算一算，一生之中究竟有几件东西使他得到真正的享受，则他一定将以食品为第一。所以倘若要试验一个人是否聪明，只要去看他家中的食品是否精美，便能知道了。"

好好做一顿年夜饭，当然不是要证明自己聪明，然而如果顺便得一"聪明"的头衔也乐得欣然接受。话说今年年夜饭的重头戏，就是我们东北人说的"硬菜"，是"盐焗鸡"。英国超市的肉食鸡味道寡淡，肉质软绵，一点也不好吃。无论是走地鸡、有机鸡，还是谷饲鸡，都不好吃。对于喜欢鸡胸的外国人来说，吃鸡就是单纯吃肉，对"鸡味"要求不高，不会吃鸡，也不能怪他们。但我喜欢禽类，鸡鸭都爱。一度发现唐人街的鸡很有"鸡味"，但怎奈都是"老鸡"，用来炖汤还好，吃起来就需要好牙力。前一段时间，偶然在超市发现有珍珠鸡卖，虽然价格有点贵，但无鸡可吃的我就不能抱怨价钱了。

这珍珠鸡，约一公斤，体形偏瘦，皮薄，色泽嫩黄，脂肪甚少，符合我心目中"优质鸡"的特征。珍珠鸡，又名几内亚鸟，源自非洲热带丛林，据说肉质细嫩，味道极为鲜美，绝不输给中国的"三黄鸡"，于是寄予了很大的期望。为了不辜负这只贵价鸡，保留原汁原味，打算盐焗。

盐焗鸡是广东客家传统菜，材料极为简单，只有鸡和盐。凡是享誉中外的经典菜式大多用料简单，能突出主要食材自身的鲜味，盐焗鸡就是很好的典范。年夜饭的盐焗鸡，当提前一天腌制，腌制过夜，才能更入味。经过一天一夜的风干，焗出来的鸡更是皮滑肉嫩。

盐焗鸡 (4人份)

Salt Baked Chicken

◀ 材料 |

鸡*：1千克
粗盐：2千克
盐焗鸡粉：1包
花椒：少许
八角：少许
＊本食谱中用的是珍珠鸡。

◀ 做法 |

1 鸡洗净，晾干，最好用厨房纸把鸡内外的水分都擦干。把盐焗鸡粉均匀涂抹到鸡身，腿部和胸部的皮下也涂抹鸡粉，按摩一会儿，让盐充分渗入。腌制过程中，鸡身会渗水，所以要把鸡放置于钢架上，或挂在通风处，腌制过夜。第二天，鸡皮微干，用厨房纸再擦拭内外，吸干水分。用烘焙纸把鸡包裹好，再包一层锡纸。

2 盐焗鸡一定要用粗盐，因为精盐太细，容易融化，渗入鸡身会导致鸡肉太咸。粗盐、花椒和八角下锅翻炒，待盐中的水分蒸发，盐开始变得微黄，就炒好了。

3 准备铸铁锅，如果有砂锅更好，先把一部分粗盐倒进锅中，然后把包好的鸡放入锅内，再把余下的粗盐倒入锅中，把鸡全部覆盖。注意鸡在锅中要保持鸡胸朝上，这样防止鸡胸过老。加盖，小火焗1小时。也可以把铸铁锅放入烤箱，180℃烘烤1小时，注意烤的时间不宜过长，因为珍珠鸡肉非常嫩，烘烤过度会使鸡肉失去弹性。用烤箱的好处是可以腾出炉头来炒别的菜。

4 把烤好的盐焗鸡从盐中挖出来是一大乐事。闻着诱人的香味，敲碎结成硬壳的盐，剪开锡纸，色泽焦黄油亮的盐焗鸡映入眼帘，皮爽肉滑、骨肉鲜香，绝对是年夜饭的焦点。不需要刀切，用手撕一块，直接入口，那味道妙不可言。

从此，每当你清晨在床上屈指计算人生真正享受的东西时，盐焗鸡必占一席。

除夕夜的团队工作

　　大年初一，当然是要睡个懒觉，醒来就吃饺子，小时候在家就是这么过初一的。那时候，年三十晚上一到零点，就迫不及待地出去放鞭炮和烟花。大人们则吃完年夜饭就开始包饺子。

　　饺子馅是混搭艺术，万物皆可包，关键是搭配得当，食材味道相得益彰。以前在香港学过包素馅饺子，炒鸡蛋、小油菜、豆腐、粉丝、木耳和香菇，在十三香、花椒油和姜末的配合下，口味清新鲜美，薄薄的皮隐约透出嫩黄和嫩绿，赏心悦目。

　　当肉类遇到蔬菜，就像小伙邂逅美女，出现了无数可能。猪肉茴香、猪肉白菜、猪肉芹菜、牛肉洋葱、羊肉胡萝卜，当然还有铁三角——虾仁、猪肉和鸡蛋的三鲜馅。所有馅料混搭中，我以为最出彩的是东北的猪肉酸菜。这两样平凡的食材配在一起，造就了非凡的风味，猪肉当选半肥半瘦的，酸菜细细切丝后再切碎。酸菜简单冲洗沥干，如果要挤水，挤出来的水要掺入高汤搅入肉中，以保存酸菜十足的风味。好的酸菜饺子，汤汁丰盈，酸中带鲜，油润不腻。酸菜吸油又开胃，饱吸了猪肉油脂的酸菜立马丰润起来，就像朴实的农家小妹，却忽然风骚起来。猪肉的丰腴被酸菜中和，变得鲜美无比。

　　成功的饺子馅，首先需选肥瘦适宜的肉。英国超市瘦肉当道，脂肪含量5%的肉馅最普遍。纯瘦肉馅口感干瘪，实在不好吃，英国的瘦肉瘦到这种地步，却还是胖人满街，令人想不通。肉馅最好肥瘦三七分，不至于太肥腻。然而，拌饺子馅的关键是打水（用不断搅拌的方法使水进入肉中）和调味。

500克猪肉馅，通常要分阶段加约200毫升高汤，慢慢顺一个方向搅拌，直到黏稠、肉馅把水分全都吸收进去，之后再加盐和蔬菜也不会回吐水分。如果蔬菜需要挤水，那么应像处理酸菜一样提前挤水，把蔬菜水掺入高汤，这样既不会丢失蔬菜的营养，也保存了蔬菜的风味。

调味也是关键，水饺下锅水煮后，盐分会流失，所以要想饺子够味，饺子馅需稍咸一点。最好的办法是紧跟配方，称量调味作料，一次加足。另外，肉与蔬菜混合的顺序也很重要。肉馅打水调味完毕后，加油封住水分和盐分再加蔬菜，这样就能有效防止蔬菜遇盐出水。

好吃的饺子，一半在馅，另一半在皮，制作饺子皮是技术活儿，面粉首选高筋面粉，筋道耐煮，不容易破。面与水的比例约2：1，做出的面团稍硬，醒面之后就刚刚好。最好加2%的盐，温水和面，醒面1小时。

包饺子的步骤通常是先和面，肉馅打水调味后放冰箱冷藏，再处理蔬菜。开始包之前才把蔬菜和肉混合。

包饺子，用时兴的话说，是"团队工作"。北方人家，年三十夜晚包饺子是全家总动员。有擀皮的、有包的，小孩子在旁边帮忙按面剂子。通常一个人负责擀饺子皮，供两三个人包。擀饺子皮的需是个"狠角色"，通常是我爸，只见他把面团中间抠一个洞，顺着洞边用手掌把面团握成一个均匀的面圈，然后果断揪断面圈，撒上薄面，两手从中间均匀向两边搓，然后快刀"嘚嘚"地起落，一条面切成大小相同的一排剂子。这需屏住呼吸，有节奏地下刀，方能一鼓作气切出个头均匀的剂子。

这就是刀工，需手、脑、眼高度配合，好像喘一口气就会影响手下的节奏，导致下刀不匀。我会帮忙把剂子按扁，沾满薄面。擀饺子皮绝对是个技术活，面皮在擀面杖下转着圈，通常转个两三圈，面皮就擀好了。上等的饺子皮中间厚、周围薄，中间约是周边的两倍厚，这样包饺子时对折，整个饺子就厚度一样，吃起来绝对不会有厚薄不均的感觉。擀饺子皮的，还需及时与包饺子的沟通，是厚了还是薄了，要及时修正。我妈带领我大姐和二姐包饺子，她对饺子皮很有要求，所以开始包时总会提出"有点厚""再薄点"之类的要求，我爸则努力修正，然后饺子皮就从他手下一个个地"飞"出来，落在面板中央。包饺子的用筷子取馅（虽然我觉得用勺子更方便），一次取够不多不少，先对折粘住一个点，然后两手食指和拇指握住饺子一捏，一个元宝饺子就活脱脱地诞生了，有点像上帝造人，捏两下就造出生命来。包好的饺子转圈摆在圆形的盖帘上，直接送到窗外冻上。

当外面烟火通明，鞭炮隆隆作响的时候，水也滚起来了，这时把饺子下锅。我妈通常守在灶前，一手叉腰，一手拿着漏勺准备着。煮饺子也有学问，首先，锅必须够大，装足够多的水，水"哗哗"地滚起来才能下饺子，切忌一锅下太多，否则拥挤会造成水温下降，饺子粘连。尤其是煮冻饺子时，想要不破不漏，必须保持高水温。我发现铸铁锅保温性能好，最适合煮冻饺子。饺子下锅后，搅动时要用勺子背，从自己身体这边向外轻轻地推出去，这样才不会把饺子弄破。这时锅里寂静下来，可以加盖，但必须在旁边看着，防止满溢出来。水再滚，及时开盖，中火煮一会儿，饺子浮上来，一个个变得鼓溜溜时，用漏勺捞一个，指头尖按一下，感觉饺子皮和馅分离，就煮好了。

吃饺子也有说道，北方人吃饺子必须配手捣的蒜酱，捣蒜的蒜臼子是粗陶钵配木臼，大蒜去皮拍扁，撒点盐，捣成浆状，加少许酱油和白砂糖，用来蘸饺子一流。如果不是酸菜馅的，再加点少许大红浙醋，必定能把饺子的鲜香推到一个新高度。还有，吃饺子当配饺子汤（就是煮饺子的水），原汤化原食才是圆满。

孩子们放完烟花回来，饿了的就吃饺子，有精神的继续打扑克、下棋。大人们吃过饺子就接着打麻将。我不善熬夜，这时候通常已经又困又累，没胃口吃饺子，就倒头睡去了。

初一早上，大人们还是早早起身，准备接待来拜年的亲戚朋友。我则一觉睡到十一二点，醒来就以饺子做早午餐。

🍲 猪肉芹菜饺子 （4人份）

Pork Celery Dumplings

◆ 材料

饺子馅

猪肉馅：500克
温水：200毫升
浓汤宝：1个
盐：7克
酱油：30毫升
蚝油：少许
葱花：40克
姜末：15克
白胡椒粉：少许
十三香：少许
芝麻油：30毫升
西芹：400克
橄榄油：少许

饺子皮

高筋面粉：800克
水：420毫升
盐：10克

◆ 做法

1　制作饺子皮。高筋面粉、盐和水混合，揉成面团，加盖醒面1小时。每隔20分钟，揉面1分钟。

2　猪肉馅先加入葱花和姜末，再注水，如果有高汤更好，没有的话可以用温水融化1个浓汤宝，或用花椒煮水代替高汤。分3次慢慢加水，顺一个方向搅拌至黏稠上劲。加盐、酱油、蚝油、白胡椒粉、十三香，搅拌均匀，最后加芝麻油拌匀。盖保鲜膜，放入冰箱冷藏。

3　西芹洗净，焯水，冷水清洗，沥干。切碎，拌入肉馅中，淋入少许橄榄油，拌匀。拌好的饺子馅需马上包，所以在确认所有准备工作都完成，面团醒好之后，最后才在馅料中加入蔬菜和少量橄榄油，这样能有效地防止蔬菜出水。

4　面团搓成长条，用刀切成每个8~10克的面剂子，擀成直径约8厘米的面皮，包入饺子馅。

　　擀饺子皮和包饺子是一个需不断练习才能日趋完美的过程，头几次包得不好没关系，熟能生巧。

5　取一大锅，加入足够多的水，水沸下饺子，用漏勺背面轻轻推动饺子，防止粘锅底。大火煮开，转中小火，饺子浮起，轻按饺子，如果饺子皮和馅分离，就煮好了。

新的一年，从吃自己
包的手工饺子开始，
愿今天比昨天开心，
明天比今天更快活。

TIPS
包好的饺子如果不马上煮，
需放入冰箱冷冻。

生命中真正享受的东西

现代人经常陷进身体健康和美食诱惑的两难之间。

人是杂食动物，处于食物链顶端，我们大可以科学地选择食材。与其这个不吃，那个不碰，倒不如样样都吃点，用心烹饪，认真吃饭。

然而，世界是矛盾的，健康的食品往往不好吃，好吃的食品通常不健康。油炸食品当属后者。我以为本着"可以吃、少吃"的原则，适当地玩点儿花样，生活才更有乐趣。油炸食品总是好吃的，其中天妇罗当属佼佼者。

天妇罗是出名的日式料理，而包裹面浆油炸的烹饪方式其实来自葡萄牙。"Tempura"（天妇罗）来自拉丁文"Tempora"，用来指禁食的时间，因为人们通常在大斋节吃这种油炸蔬菜，所以就以此为名。天妇罗的历史最远可以追溯到1543年，那时几个葡萄牙人登上了日本岛，是踏上日本国土的第一批欧洲人。这些长相奇特的外国人逐渐开始和日本人做起了生意，也带来一种蘸了面糊油炸青豆的菜肴，就是最早的天妇罗。

日本人善于取人之长，并发扬光大。就像中国的茶一样，宋朝的冲茶方式在日本得以原封不动地保存下来，更被发展成独特的日本茶道。葡萄牙人的油炸青豆，被日本人继承，继而改良了面糊，大大扩大了食材范围。从大虾、鱿鱼到南瓜、番薯、香菇、茄子、紫苏叶等，都能变成天妇罗。

包裹面糊油炸的烹饪方式在欧洲盛行，英国的炸鱼薯条就是代表。整片鳕鱼柳不加调味，包裹面浆，高温炸至金黄酥脆，搭配简单的塔塔酱或盐醋，俘虏了整个大英帝国。油炸保存了食材最原始的鲜味和质感，而又加入了面衣香酥松脆的口感，难怪人人爱吃。

　　天妇罗的面衣比较薄，口感清新，少油腻感，蘸少许淡酱油，是人间美味。天妇罗大虾卖相丰盈华丽，是天妇罗之王。但我认为，天妇罗南瓜最好吃。南瓜当选板栗南瓜，味甜且糯。在奶白色薄脆的面衣下，南瓜天妇罗透出淡淡的金黄色，与颜色艳丽的大虾天妇罗比起来低调内敛，倒更有大家闺秀的风范。筷子轻轻夹起，酱油碟中轻点两下，放入口中，"咔嚓"声起，牙齿和舌头都遭遇双重刺激，酥脆与糯软，咸鲜与香甜，大脑被复杂的口感迷惑，造成一种味觉的晕眩，大概就是"被冲昏了头脑"的感觉吧。

　　如此这般，虽然是油炸的，但原料毕竟是新鲜的蔬菜与海鲜。不过自己炸，更能保证选用上好的油脂和食材。天妇罗当然名列我早晨在床上屈指一算的那些我生命中真正享受的几样东西之一。①

---

① 如若一个人能在清晨未起身时，很清醒地屈指算一算，一生之中究竟有几件东西使
　　他得到真正的享受，则他一定将以食品为第一。——林语堂《生活的艺术》

⊙食谱 什锦天妇罗 （2人份）
Assorted Tempura

◢ 材料 |

大虾：6只	蘸酱
南瓜：6片	生抽：3汤匙
青椒：6块	白砂糖：1茶匙
紫苏叶：6片	味醂：1汤匙

面糊
自发粉：40克
淀粉：10克
冰水：60毫升
蛋黄酱：20克

◢ 做法 |

1　大虾去头，去壳，保留尾部。用牙签挑去虾线。大虾尾部水分较多，可以切掉少许边缘，用刀刮出水分，防止油炸时暴油。南瓜切5毫米厚的片，容易入口的大小即可，青椒切块。也可以选用其他蔬菜。

2　把所有制作面糊的材料混合，关键是使用冰水，这样高温油炸时有明显的温差，口感会更酥脆。面糊大致搅拌即可，不需要太均匀，有一点面粒更好。蘸面糊时，大虾尾部有壳的部分不蘸，炸出来颜色鲜红，很好看。紫苏叶只蘸一面，这样炸好后颜色碧绿，品相好。青椒、南瓜也蘸上面糊。

3　准备油锅，下足够多的油，炸天妇罗的油过滤后还很清，可以炒菜。油热了，用筷子蘸一滴面糊滴在锅里，如果面糊快速膨胀，就代表温度够高，可以炸了。炸好的天妇罗放在钢架上沥油，制作好蘸酱，趁热吃即可。

二月
February

二月的英文名字来源于拉丁语"Februum",意思是"净化"。也有传说本月的名字源于"Februa",是古罗马人在2月15日举行的净化仪式,人们忏悔自己过去一年的罪过,洗刷自己的灵魂,以求得神明的宽恕,使自己成为一个贞洁的人。

因为古罗马人不把冬天视为有效的月份,估计是认为冬季对农业没有贡献,所以新的一年从三月开始,一月和二月是最后才被加入到古罗马日历中的。二月通常有28天,闰年的时候有29天。

在西方,情人节是二月的一个重要节日。情人节又叫圣瓦伦丁节,在2月14日。据说在公元200年左右,罗马皇帝禁止年轻男子结婚。他认为未婚男子可以成为更优良的士兵。教士圣瓦伦丁违法皇帝的命令,秘密为年轻男子主持婚礼,结果被逮捕,于公元269年2月14日被处决。

古代庆祝情人节的习俗来自古罗马的牧神节。牧神节设在雀鸟交配的初春,是为了庆祝即将来临的春天。据记载,教皇在公元496年废除牧神节,把2月14日定为圣瓦伦丁日,后来就成为了西方的"情人节"。

2月14日:情人节

趣味盎然的美味沙拉

已经踏入二月，我家门口那棵冬樱如期开花了。淡粉色，单瓣，疏落有致地挂在枝头，风一吹过，粉白色的花瓣纷纷落下。每天早上，停在树下的车都是一道风景，车顶被落花装点，冰冷的汽车也显出些许娇媚，蓝天和粉樱倒映在深蓝色的金属顶篷和玻璃窗上，春天的气息扑面而来。今年的冬天很暖，英国人期待的白色圣诞节当然没有来，而玻璃房里扦插的灯笼花苗，居然开始打花骨朵儿了。

趁春光正好，泡一杯好茶。

小鸟"啾啾"地叫着，阳光从百叶窗照在书台上，如此平静的早晨，当从一壶茶开始。于是我起身煮水，泡一壶福建的茉莉花茶。绿茶和茉莉花，分开来看都是平凡之味，但两样混合起来却造就了享誉中外的名茶。茉莉花茶取茉莉的幽香，绿茶的清新，在欧美是老外最爱的中国茶。现在人人追求稀罕的食材，餐厅也以高档稀有的食材招徕顾客。英国有一种黑松露薯片，却几乎从来都买不到，因为一上货架就被抢购一空。这种掺了黑松露香精的薯片不见得会有多好吃，不过是抓住了人们猎奇的心态。

有两种家常食材，各自都味道平和，混合起来稍加调味，却能搭配出惊人的味道。吃过我做的这道料理的亲友，无不惊讶地说："好味道。"这便是土豆沙拉。

第一次吃土豆沙拉是在青岛。我那时在英国留学，放暑假去青岛游玩。那个夜晚，暑气退去，几个外国朋友约我去一个本地的西餐馆。记得饭馆颇小，在一所白色房子里，入口的玻璃门和窗户周围都挂了闪闪的灯饰，老板娘亲自招呼，很温馨。其中有一道前菜就是土豆沙拉。朋友在我耳边说："这家店的土豆沙拉很好吃。"我于是盛了一勺，入口是冰凉的，切成小丁的土豆和煮鸡蛋添了蛋黄酱，在口中融化开来，是浓郁的蛋奶香。土豆的软糯搭配蛋白的弹牙口感，咀嚼起来令人愉悦。那隐隐的咸鲜是海盐的味道，偶尔的酸辣爽脆是洋葱粒和小酸黄瓜的功劳。土豆沙拉虽有个无趣的名字，但却是一盘趣味盎然的美味沙拉。

说起沙拉，当然是西方的产物。土豆沙拉或许来自俄国的"奥利维尔沙拉"（Olivier Salad），又叫俄国沙拉。19世纪60年代，在莫斯科工作的厨师卢西恩·奥利维尔（Lucien Olivier）发明了这款用蛋黄酱和葡萄酒醋做酱料的沙拉。奥利维尔的沙拉很快成了饭店的主打菜。起初，沙拉里有鸭肉、牛舌、小龙虾等较贵重的食材，后来改用火腿等普通食材并流传开来。

后来在上海居住，发现海派西餐中的一道名菜"洋山芋沙拉"，是上海改良版的土豆沙拉。20世纪30年代，上海红房子西餐馆开张时，就有这道头盘开胃菜。海派的土豆沙拉用红肠、土豆、青豆和苹果为原料。苹果是画龙点睛之笔，苹果的酸甜爽脆令这道头盘的滋味更丰富。

土豆沙拉 （4人份）
Potato Salad

材料

土豆：4个
鸡蛋：3个
洋葱：1/4个
青豆：少许
黄油：5克
蛋黄酱：50克
芝士：1汤匙
盐：少许
黑胡椒粉：少许

做法

1 土豆用高压锅隔水蒸熟，鸡蛋带壳煮熟，青豆煮熟。

2 洋葱切碎；土豆去皮；鸡蛋去壳，切丁。

3 趁土豆和鸡蛋还是热的，加入洋葱碎和黄油拌匀。这样可以减少洋葱的辛辣味，黄油也容易化开。

4 加入蛋黄酱、芝士、盐和黑胡椒粉。可以边尝边调味，适当增加或减少调味料。

5 最后拌入青豆即可。

土豆沙拉最好提前做好，夏天可以放入冰箱冷藏，几个小时后，食材的味道充分融合，滋味更好。

38 个步骤的情人料理

　　踏入二月，白天明显长了，开始刮起了春风。去年十一月种下了两包郁金香和鸢尾花球茎，如今郁金香墨绿色的叶子已经打着卷地长出来了。今早发现，有几株蓝色的鸢尾花居然率先开放了。鸢尾花洋名叫"Iris"，是希腊彩虹女神伊丽丝的名字。我尤其偏爱蓝色的鸢尾花，宁静忧郁，又浪漫雅致。记得那年去位于巴黎郊外奥维尔的梵高墓地，门口的那幅《鸢尾花》最引人注目。蓝色的鸢尾花生长在金黄色的土地上，艳丽可爱。绿色的叶子线条弯曲多变，呈现出一种挣扎向上的姿态。整个画面既洋溢着生命的活力，又充满忧伤和不安。

　　虽然天气暖和，鸢尾花盛开，但是风刮得呼呼作响，还是宅在家里，与跳进百叶窗的阳光在书台上相会比较好。有可以遮风挡雨的房子，有书有茶，便是幸福人。如果此时此刻，能来一份港式焗猪排饭那就堪称完美。

　　港式焗猪排饭中西合璧，是港式创意料理的典范。在香港，吃焗猪排饭不用去什么出名的餐厅，就在街头拐角的茶餐厅，或者干脆商场里的大家乐（中式快餐店）就能让你吃饱吃好，心满意足。焗猪排饭不单是好吃，实物的卖相也绝对和宣传照接近。你拿麦当劳的汉堡包和海报上的比一比，不觉得有很大不同吗？其实，没有多少快餐的宣传照是能与实物相符的。就凭这一点，焗猪排饭也能稳坐快餐"一哥"位置。

焗猪排饭首先要热辣辣地上桌。椭圆形的白陶瓷焗盘满满的、沉甸甸的，边上沾了烤得金黄或者略微焦黄的芝士。番茄酱汁融合了烤得金黄的芝士，还覆盖着鲜红的番茄、金黄的凤梨、绿色的西蓝花；再下面就是厚1.5厘米的厚切猪排。一刀下去，带点肥腻，沾满番茄酱汁，入口酸甜、松软多汁，口感奢华丰盈。再来一勺饱吸了酱汁的黄金炒饭，滋味亲切丰厚。接下来，把猪排切成小块，与饭菜和酱汁混合，每一勺都是盛宴。这时，再喝上一口港式冻奶茶，便是李笠翁的"绝口不能形容之"。

有一部电影叫《白玫瑰》，由张曼玉与张耀扬主演，剧中的男主角黑社会老大罗伊（Roy），为张曼玉饰演的钱玫瑰（Rose）制作茄汁猪排饭。他说制作好吃的猪排饭有38个步骤，若非做给心爱的人吃，谁会花这个心思呢？其实，猪排饭并不见得有那么麻烦，但是每一个步骤都要尽心尽力做好，才能味美，确实是一道不折不扣的爱心料理。

食谱 港式焗猪排饭 （4人份）
Baked Pork Chop Rice

材料

猪排：4块
鸡蛋：4个
番茄：2个
洋葱：1个
蘑菇：200克
西蓝花：100克
大蒜：2瓣
罐装番茄：300克
番茄膏：2汤匙
马苏里拉芝士碎：200克
黄油：10克
橄榄油：适量
盐：少许
黑胡椒粉：少许
白砂糖：少许
酱油：少许
蚝油：少许
米饭：500克

做法

1 鸡蛋打散，大蒜切末，洋葱、番茄切块，蘑菇切片。西蓝花去硬皮，焯水待用。

2 猪排宜选厚切，最好是边缘带点肥肉的那种。猪排洗净，用厨房纸擦干水。置于菜板上，用刀背敲两面，把肉敲松。再把猪排放入容器中，撒少许盐和黑胡椒粉，倒入约20毫升蛋液，拌匀，腌制30分钟。然后再倒入约100毫升蛋液，让猪排双面裹满蛋液，平底锅烧热，倒橄榄油，油热下锅，需用小火将其双面煎至金黄，大火容易将蛋煎煳而猪排还不熟，所以要有耐心。煎好后出锅待用，这时的猪排大约有八成熟，出锅后还会慢慢自熟。

3 如果罐装番茄是完整的，先略切碎。黄油和少许橄榄油下锅，倒入洋葱小火炒软，加入蒜末炒香。再加少许橄榄油，放入蘑菇，大火炒软，加入番茄膏、番茄和罐装番茄，煮开。加入白砂糖、盐、酱油、蚝油和黑胡椒粉调味。熄火待用。

4 另取一口锅，下橄油，加入米饭（用冷饭最好），炒香。把饭推向锅的四周，中间下橄榄油，烧热后，倒入剩余蛋液。这时的蛋液从边缘开始熟，用铲子把鸡蛋推向米饭，逐渐把蛋液和米饭混合，快炒，保证每一粒饭都裹上鸡蛋，粒粒金黄喷香。

取陶瓷焗盘，把炒好的饭倒入焗盘。猪排摆在饭上，再把西蓝花摆在四周。浇上步骤3的番茄酱汁，再铺上马苏里拉芝士碎。入烤箱，180℃烤20分钟即可。

热辣辣的一餐端上桌，虽然热量比较高，但是在风大寒冷的天气，偶尔为之也不为过吧。

荒岛求生只带这一样足矣

　　今天是情人节，我有两个朋友的生日也是今天。有一阵子我喜欢在这一天画一幅画，送给朋友当生日礼物。今年则打算做一个蛋糕来庆祝。

　　如果只能带一样东西去荒岛求生，我会选芝士蛋糕，这样就可以在天堂的美味中与死神较量，输赢与否，都此生无憾。我学习烤蛋糕也是从芝士蛋糕学起的，恐怕是因为如此美味诱人的东西，居然简单得让人难以置信。

　　当我们遇到味道极美的食物，总会想当然地认为其制作方法一定很复杂。事实上，很多美食的制作方法并不难，只要你肯动手，无须花费多大力气便能做出专业水平的食物。芝士蛋糕就是好吃易做的典型代表。

　　芝士蛋糕起源于古希腊。希腊人认为芝士蛋糕是活力的来源，曾经提供给奥运会运动员食用。另外，希腊人在结婚时也会用芝士蛋糕作为婚礼蛋糕。古时候的芝士蛋糕做法和用料都非常简单，只需要面粉、蜂蜜和芝士。后来，罗马征服希腊后，芝士蛋糕的做法也产生了变化，开始加入鸡蛋，并在烧热的砖上烘烤，趁热食用。随着罗马人扩张帝国版图，他们将芝士蛋糕传入欧洲。大不列颠和西欧诸国都以自己的方式改良食谱。每个世纪，欧洲的芝士蛋糕食谱都会有变化，各个地区都会使用当地的食材来制作。一直到18世纪，芝士蛋糕才开始发展成现在的模样。那时欧洲人开始用打发的鸡蛋来代替酵母，没有了强烈的酵母味，芝士蛋糕更像甜点了。随着欧洲人移民到美洲，芝士蛋糕的食谱也被传往美洲。美国人率先在芝士蛋糕中加入奶油芝士（Cream Cheese），而美国品牌"费城（Philadelphia）奶油芝士"一直到现在都是芝士蛋糕的主要食材。

说到芝士蛋糕，不能不说纽约芝士蛋糕。经典的纽约芝士蛋糕口感顺滑、扎实，奶味浓厚，不需加水果、巧克力或焦糖，实实在在的纯芝士味就是招牌风味。20世纪初期，纽约人开始爱上这道甜点，几乎每间餐厅都有属于自己版本的纽约芝士蛋糕。纽约芝士蛋糕属传统做法，需要烘焙。

　　现在流行的芝士蛋糕中，有些是不需要烘烤的，做法尤其简单。免烤的芝士蛋糕，芝士比例大，口感更细腻润滑，味道醇厚。

　　两样好吃的东西搭配起来，产生的风味通常不是简单的叠加，而是指数般地猛增。奥利奥和芝士就是这种神奇的搭配。奥利奥是黑加白——可可与奶油的戏法，当芝士加入后，这个美味派对就更热闹了。经过冰箱冷藏的奥利奥芝士蛋糕，不但样子好看，而且每一口都有惊喜，每一口都是幸福。

　　看着蛋糕被切开就是一种享受，奥利奥夹心饼干的断面，毫无保留地呈现在眼前，层层叠叠。香浓的芝士中混合了奥利奥饼干屑，舌尖上的嫩滑多了一抹微妙的奥利奥风味。吃到中间夹着的整块奥利奥时，请闭上眼睛，尽情享受那入口即化的时刻。

　　记得广告片里把奥利奥饼干蘸一下牛奶再吃，因为湿润的奥利奥别有一番风味。那么，请吃一口以芝士浸润的奥利奥吧，那是炎炎夏日跳入大海的冰爽，那是寒冷冬日一杯热牛奶的香醇。最后，叉子切向浓黑的蛋糕底，混合了黄油的奥利奥饼干以香甜扎实的口感再一次袭击你的味蕾，那是生命中不能承受的奥利奥。只需半小时制作，你还不开始吗？

奥利奥芝士蛋糕 （7英寸）

Oreo Cheese Cake

材料

蛋糕底
奥利奥饼：18片①
黄油：45克

芝士蛋糕
奥利奥饼干（可以选多款
  不同口味的）：22块
淡奶油：200克
白砂糖：20克
奶油芝士：400克

糖粉：少许

TIPS
切蛋糕时，把刀在热水里浸
泡片刻，擦干，切的时候就
能很干净利落，像蛋糕店卖
的一样整齐好看。

做法

1　把18片奥利奥饼用搅拌机打碎，或者把饼干放入密封
　　袋，用擀面杖擀碎。把黄油放入一个小碗，隔水加热至
　　化开。把化开的黄油加入奥利奥饼干碎中，搅拌均匀。
　　取活底7英寸蛋糕模具，烘焙纸剪成圆形垫底。把混入
　　黄油的奥利奥饼干碎倒入模具中，用擀面杖的一端按压
　　结实，放入冰箱冷藏。

2　取6块奥利奥饼干，把中间的夹心刮下来待用。饼干用
　　搅拌机打成细粉状，待用。奶油芝士放入容器中，加入
　　白砂糖和取出的奥利奥夹心，拌匀。倒入淡奶油，用搅
　　拌机搅匀，倒入一半饼干屑，搅拌均匀。注意不要过度
　　搅拌，避免奶油芝士变得太硬。

3　取裱花袋，装入步骤2的芝士糊，剪去裱花袋尖端，口
　　可以稍微开大些，挤的时候不会那么费力。把模具从冰
　　箱取出。从中间向边缘转圈挤出芝士糊，铺满底部。取
　　6块香草夹心奥利奥，1块放置在中心位置，另外5块围
　　绕中间的那块转圈摆放。用裱花袋小心填满饼干之间的
　　空隙，然后再转圈覆盖饼干。再取6块双重巧克力奥利
　　奥，重复上面步骤。如果你的蛋糕模子很深，那么可以
　　做3层。

　　最后用芝士把饼干完全覆盖。用保鲜膜包好，放入冰箱
　　冷藏过夜。经过一夜的冷藏，蛋糕里的奥利奥饼干已经
　　变软，这样切蛋糕时就不会有阻力。所以，这款蛋糕最
　　好提前制作。

4　第二天，取出蛋糕。用一块热毛巾围住蛋糕模具片刻，这
　　时就可以干净地脱模了。蛋糕置于平盘。取小筛子，把
　　前一天剩余的另一半饼干屑均匀地撒在蛋糕面上。用余
　　下的4块饼干做装饰。撒少许糖粉，蛋糕就做好了。

切开的蛋糕可以看见明显的层次，
奥利奥的巧克力风味与浓厚的芝
士相得益彰，入口即化。

---

① 一块完整的奥利奥夹心饼
　干有2片奥利奥饼。

📅 2020.2.19　星期三　☁🌧小雨　🌡9℃

有态度的"侠客餐"

　　这几天北大西洋带来了连续几天的丹尼斯（Dennis）风暴，天空总是阴暗的。苏格兰和威尔士临海地区发生水灾，许多人家被水浸淹。人们总是抱怨英国的天气多变，其实多变也有好处。虽然早上大多阴暗潮湿，但是通常10:00左右就会放晴，明媚的阳光顿时把情绪从低谷提升起来。就像打了你一巴掌，再给你个甜枣，对比之下，枣子特别甜。经历了早晨的灰暗，才能充分珍惜午后的艳阳。另外，邻居见面或与陌生人交谈时，天气总是最好的话题。如果像洛杉矶一样天天蓝天白云，除了少了寒暄的话题，恐怕也会觉得一成不变的好天气很无聊。

　　英国超市的牛肉多是不同部位的牛排，有西冷、肉眼、牛腿和菲力等，切好后独立包装，看起来干净、精细，就像西方人一样，礼貌而有距离感。我想要买一大块的牛肉用来炖煮，无论是炖萝卜、土豆还是番茄，都是热气腾腾、肉汁满溢、味道香浓的。今天在唐人街超市买了一个牛腱子来满足我的欲望。

　　麦兜说过："即使是一块牛肉，也应该有自己的态度。"牛肉料理中最有态度的，窃以为非酱牛肉莫属。武侠小说中的好汉在风雪交加的夜晚，进入一家小客栈，总是点"二斤熟牛肉和一壶好酒"，这"侠客套餐"妙在何处？

　　酱牛肉需选上好的牛腿肉，肉质结实，牛筋劲道。酱好的牛肉切成薄片，透明的筋和酱红的肉相间，煞是好看。入口劲道鲜香，每一块都连筋多汁，每一丝纹理中都饱含了卤汁的酱香。吃酱牛肉，乐在咀嚼。好的酱牛肉不需要蘸任何酱汁，肉本身的咸香就足够美味，如果还碰巧连带一点透明的胶状卤汁，那就更是让人销魂。酱牛肉是绝佳的下酒菜，就像"侠客套餐"那样。然而，酒未必一定是中式烈酒，配红葡萄酒再加几颗橄榄，同样风味十足。

　　酱牛肉可谓懒人的恩物。在寒冷的深夜，饥肠辘辘，下一碗面，切几大片牛肉，撒一把切碎的香菜，淋一勺辣椒油，便是有态度的孤独盛宴；或者，匆忙的早上，一碗热粥配几片酱牛肉，就能带来满满的能量；如果有知己来访，不妨也切一盘，把酒言欢，烦恼皆散。

　　三酱三卤，慢功细活是做好酱牛肉的秘诀。三酱之第一酱是将牛腱子在酱油中浸泡过夜；第二酱是炖煮时下豆瓣酱；第三酱是加豆腐乳。这样酱出来的牛肉酱香十足，咸香入味。三卤是指炖煮一小时后，冷却，再加热至沸腾，再冷却，如此这般重复三次。这样牛肉既能充分吸收酱汁，又不会过度熟烂，即软嫩多汁，又保证切片时不散乱。

　　做好的酱牛肉马上就可以吃。但冷却后，从酱汁中捞出，放冰箱冷藏过夜后的风味最佳。所以，强烈建议提前酱好，供第二天享用。

酱牛肉 （8人份）
Chinese Braised Beef Shanks

❧ 材料 |

牛腱肉：1.5千克   陈皮：1片
生抽：200毫升   干辣椒：6个
老抽：100毫升   生姜：40克
花椒：5克   豆瓣酱：160克
八角：4个   白豆腐乳：3块
桂皮：1根   冰糖：30克
草果：1个   盐：适量
香叶：4片

❧ 做法 |

1 如果一整个牛腱子超过1千克，就从中间纵向剖成两半，这样容易入味。牛腱子洗净泡冷水3小时，去除血水和腥味。沥干，放入容器中，倒入200毫升生抽和100毫升老抽，盖上保鲜膜，放入冰箱冷藏过夜。

2 第二天取铸铁锅，把牛肉和生抽、老抽一起倒入，加水没过牛肉，牛肉煮熟会膨胀，所以水要放足。水煮开后撇去浮沫，再加入剩余所有材料，小火炖煮1.5小时。炖肉时一定要小火，保持似开不开的状态，这样肉不会散。关火冷却1小时，让肉充分吸收肉汁。然后再煮至滚，关火冷却，最后煮半小时，关火，让肉在汤中冷却。完全冷却后，将牛肉捞出来，放入冰箱冷藏。

卤肉的汤汁里满是牛肉精华，冷却后呈果冻状。用保鲜袋分成几份，放入冷冻室保存。如果想吃牛肉面，就拿出一袋煮面，配切片的酱牛肉，就是一碗地道的牛肉面。

香港面包坊的记忆

罗宾是英国的国鸟，也是花园常客。二月已经开始觅巢，为三月进入繁殖期做准备。

最近天气变暖，今天检查了一下储藏的大理花根茎。去年11月，我把这些张牙舞爪的根茎从地里挖出来，放进一个纸箱，用土埋上，确保冬天不会遭遇霜冻。这些大理花真是我的宝贝，有几株品种特别好，有的花白中带浅紫，有的黄灿灿的，有的紫红镶了一圈白边，有的圆溜溜呈蜂窝状，都是类似巴掌大的花朵，开起花来华丽热闹，像一群漂亮快乐的女伴，叽叽喳喳地陪了我一整个夏天。

时隔数月，根茎都完好无缺地沉睡着，有些红色的芽头隐隐地鼓出来，看来今年可以早一点在温室育苗了。可以提前育苗的还有黄瓜和番茄，英国的夏天短，早点育苗可以多些收获。

早上一边和面，一边望向窗外，有一对白蓝相间的喜鹊在花园里跳来跳去，这里啄啄，那里看看。有时我的菜会被不明动物连根拔起，有邻居说可能就是喜鹊干的。这里的喜鹊个头大，圆头圆脑的，很可爱。还有对罗宾鸟，我家花园是它们的领地，它们总是在栅栏上跳跃，啄食喂食器里的谷粒瓜子。夏天，只要我在花园耕种，就会看见这对罗宾鸟。它们盯着我挖土，不时地飞下来啄食蚯蚓，嘴里一下能叼好几条蚯蚓，一会儿飞走又再来，估计是把蚯蚓喂了宝宝。今天，这两位停留在我藤架上的小鸟屋上，其中一只歪着小脑袋向小屋里张望，另一只站在藤架上，挺着橙红色的胸脯"啾啾"地叫着。于是，我幻想它们会选择在我的小鸟屋里筑巢，还为这一可笑的想法兴奋了好一阵子。

　　我有很多关于香港的记忆，虽然住过很多地方，但唯独香港给我留下了深刻的印象，香港的饮食文化对我影响最大。记得每天接孩子们放学，总要去面包坊买面包当第二天的早餐。肠仔包是孩子们喜欢的品种之一，也是香港面包坊的常备产品。只是我觉得面包坊的肠仔包里的香肠质量不高，不好吃。在香港的时候，根本就没想过自己焗面包。现在自己做，选用上好的德国热狗肠，制成的肠仔包比面包坊的好吃很多。

　　刚出炉的迷你肠仔包是多么可爱呀，就像产房里一排排的婴儿一样，裹在金黄色的毯子里，面包松软可口，香肠鲜嫩多汁，一口下去，张着嘴哈出热气，啊，好好吃呀。这时，吃面包的人会笑弯了眼睛，一口一口地停不下来。

法兰克福肠仔包 （12个）
Frankfurt Sausage Rolls

❧ 材料 |

高筋面粉：250克
黄油：30克
盐：6克
白砂糖：15克
鸡蛋：1个
牛奶：120毫升
酵母粉：3.5克
热狗香肠：6根
鸡蛋黄：1个
牛奶：10毫升

❧ 做法 |

1 将黄油在室温下软化，然后连同高筋面粉、盐、白砂糖、鸡蛋、牛奶和酵母粉一起放入面包机，混合成面团，开启发面功能，也可以用手揉。经过大约1.5小时，面发好，将其转移到面板上。分成12等份，待用。

2 把香肠切成两半。取一块面团，搓成长条，长度大约是香肠的2.5倍。把面包条缠绕在香肠上，固定好头和尾，放在烤盘上。

3 取1个鸡蛋黄加10毫升牛奶，搅拌均匀，用刷子扫在面包上。最好在二次发酵之前完成，这样防止碰塌面包。

4 烤箱预热至180℃，烤约23分钟，即成。烤好的肠仔包可以放在密封的容器中保存几天。如果嫌隔天的不够软，放入微波炉加热20秒就又变得柔软可口了。

体己茶和神奇小吃

今天早茶，喝的是云南古树白茶。好茶很多，但"体己茶"不多。衡量一款茶有多"体己"，就看你喝的频率和对这款茶的热情能保持多久。有些茶，初次品饮非常惊艳，但喝久了，习惯了之后，就没有了当初的新鲜感；有些茶，是很好喝，怎奈价格太贵，太稀有，也不能常常喝；有些茶，味道独特，却只产在某个特定季节，也不够"体己"。

云南古树白茶与南瓜子糖是绝配。

然而，总有些茶，价格不贵，却有绝佳的风味，让人时时想念，在不知道喝什么茶的时候会自然想到它，这就是"体己茶"。还有一种"体己茶"，是好朋友投我所好，送给我的。这茶必定是我喜欢的种类，或是口味独特，或是质量高端。这些收礼得来的"体己茶"有一种特殊的功能，就是每一次喝都会令我想起送茶人。久而久之，我会把茶叶的香气和味道与这些朋友联系起来。某君豁达豪爽，似他的龙井清洌甘甜；某君温暖稚气，像他的碧螺春清香鲜爽；某君成熟稳重，像他的老六堡醇厚丰盈；某君睿智过人，似他的凤凰单丛韵味悠长。如此的"体己茶"是我的最爱，每一次举杯轻啜都好像与老朋友相聚，说一声"别来无恙"。

今天这款云南古树白茶也拜朋友所赐，山野气息浓厚，口感饱满温厚，杯底留香，齿颊生津。它不像政和白茶那样香气高昂，也不似福鼎白茶一般绵柔清雅，却有着云南广阔大地的诚恳与豪迈，飘着云南阳光下的蜜香果香。它让人想起洱海的浩瀚缥缈，令人怀念抚仙湖的浪漫清澈。一杯入口，韵味缠绵。

好茶还需配好吃的茶点。来一块新做的南瓜子糖，每一口都是满满的香酥脆甜。南瓜子是营养价值极高的神奇食品，除了有降血压、降血糖的功效外，男人吃了可以保护前列腺，女人吃了皮肤光洁。单吃南瓜子，可能很多人都不喜欢，但是把南瓜子做成糖，朴实的食材就摇身一变成了人间美味。

南瓜子糖容易做，材料简单。除了白砂糖外，还添加了少量麦芽糖，这样做成的糖不但酥脆，还略有弹性，口感更好。这麦芽糖金黄剔透，质地黏稠，用筷子撩一下，拉出长长的丝。记得小时候学校门口卖一种叫作"糖稀"的东西，主要原料就是麦芽糖。卖糖稀的老太太用两根小棍搅着一块糖稀，一拉一抻，转个圈合起来，再拉，看起来很过瘾。记得还有不同颜色的，有白色的，有粉红色的。有的小孩玩够了就一口吃掉。因为家里没钱，妈妈又嫌糖稀搅来搅去不卫生，所以我从来没买过。现在我用筷子搅着金黄色的麦芽糖，拉开又卷起来，玩了好一阵子，算是弥补了童年的遗憾。

南瓜子糖 （16块）
Pumpkin Seed Candy

材料

南瓜子：250克　　　麦芽糖：60克
白砂糖：100克　　　盐：2克
水：100毫升　　　　植物油：10毫升

做法

1　南瓜子用铁锅小火炒熟，待用。熟了的南瓜子会鼓起来，但千万不要炒过头，否则会有苦味。

2　白砂糖和水下锅，中火煮。麦芽糖也加进去，搅拌均匀。观察糖的变化，当锅中满是泡泡，而且噪声很大时，用筷子搅几下，提起筷子，形成一条细细的丝，可以拉伸不易断，就是熬好了。或者，滴一滴糖进冷水中，糖马上凝结成一个糖珠子，也代表熬好了。

3　糖熬好后关火，加盐和植物油，搅拌均匀。趁热快速把南瓜子倒入糖浆中，搅拌均匀。动作一定要快，因为糖很快就会凝固。

4　取一个方形容器，刷少许植物油（配方用量外）。再把混合好的南瓜子和糖浆倒入方形容器中，用工具压实，我是用擀面杖的一头，把糖轻轻压紧。等稍微冷却，倒扣过来，方形的糖很容易脱模。趁着还有余温的时候，将其切割成小方块，密封保存。

墨绿色的南瓜子糖，香甜酥脆，可否送给远方的朋友，以表谢意？

三月
March

1752年以前，罗马历法和古英国教会日历中，三月是第一个月。一年的第一天从3月25日开始。苏格兰于1599年开始把第一个月改为"January"。罗马人把三月叫作马蒂乌斯（Martius），以罗马战争之神马尔斯（Mars）命名。马尔斯原本是罗马神话中掌管繁殖与植物之神，也是牲畜、农田和农夫的守护神。盎格鲁-撒克逊人称三月为"Hlyd-Monath"之月，意思是暴风雨之月。

英语有"疯如三月兔"（Mad as a March Hare）的说法，指的是兔子在三月交配，此时的雌兔和雄兔会打成一团。《爱丽丝漫游仙境》中描写爱丽丝遇见白兔时，她觉得兔子的行为反常，就像"三月疯兔"般。

3月1日：圣大卫日
3月17日：圣派翠克节

孤独美食家的
鸡肉丸子

　　今天游泳回来的路上，发现有些人家花园里的樱花已经悄然开放，水灵灵、粉嫩嫩的。有个别茶花也笑盈盈地打开花瓣，春天真的来了。我家门前的那丛迷迭香熬过冬天的霜打，开始抽出新绿的针叶，散发出阵阵清香。旁边的那些鸢尾花把一片土地变成了蓝色。几株风信子开满一串串铃铛般的小花，水粉、雪白、玫瑰红，还有蓝紫色，风一吹，仿佛就叮叮当当地响了起来。有的花茎不堪重负向一侧倒下，于是剪下几株，插进花瓶置于书台上，顿时整个房间都香起来。

虽然天气还很凉，但有些人家花园里的樱花已经抢先开放了。

　　路过超市，买了一盒火鸡腿肉馅，打算做鸡肉丸子饭。火鸡是英国超市的常见肉类。用火鸡腿绞成的肉馅口感比较嫩，但是肉味不够浓。所以用火鸡肉做丸子，重在调味。鸡肉丸子通常用来烧烤，记得日剧《孤独的美食家》中，五郎曾经大吃烤鸡肉串，在七种烤鸡肉串中，鸡肉丸串配青椒给我的印象最深刻。他把鸡肉丸子从竹扦上撸下来，放一颗肉丸在一片青椒上，青椒自然的碗形凹陷正好承托着丸子，一口吃下，青椒的脆爽搭配鲜嫩多汁的鸡肉丸，咀嚼起来充满矛盾与妥协，别有一番趣味。截然不同的食材互相作用，从对立转化为和谐，为味蕾开创全新的体验。剧中还有一对父女，大人小孩都熟练地点了自己喜欢的肉串，站在小摊边静静地吃。那味道将深深地刻在小女孩的心里，成为童年的记忆和家乡的味道。

　　今天的鸡肉丸，以香煎代替烧烤，配果味酱汁，铺在白米饭上，做成丼饭（即盖饭），是一顿既简单又丰盛的晚餐。要避免鸡肉馅在烹饪过程中变得又干又柴，秘诀在于加入山药泥，这样的鸡肉丸软嫩可口，搭配加了苹果的酱汁，滋味清新又有深度。

🍴 鸡肉丸果味酱汁丼饭 （4人份）

Chicken Tsukune Donburi

材料

鸡肉丸
鸡肉馅：450克
盐：1/2茶匙
鸡蛋：1个
小葱：1根
姜：3克
白砂糖：1茶匙
酱油：1/2汤匙
山药：50克
橄榄油：适量

酱汁
料酒：2汤匙
味酥：2汤匙
酱油：2½汤匙

黑糖：1茶匙
大蒜：1瓣
姜：5克
苹果：1/4个

配菜
西蓝花：适量
甜豆：适量
荷兰豆：适量
胡萝卜：适量

米饭：1/2碗
橄榄油：适量

做法

1　葱切碎，姜磨成姜蓉，山药打成泥，把制作鸡肉丸的所有材料混合，顺时针转圈搅动，直到鸡肉变得有黏性。

2　调制酱汁。把所有材料放入搅拌机，搅打制成酱汁，待用。

3　平底锅下适量橄榄油，油热后，一边捏丸子，一边下锅。把鸡肉丸子小火煎至金黄，下酱汁，小火煮开，当酱汁变得浓稠时，就可以熄火出锅。

4　配菜白灼后过冷水。

5　取一个宽口大碗，盛入米饭，把鸡肉丸摆在饭上，摆上配菜，浇上酱汁，即成。

用味噌、紫菜和豆腐煮一锅紫菜豆腐味噌汤，配丼饭一流。

蔚蓝海岸的
克里斯汀

今天，一切如常，一个普普通通的大晴天。天空是蓝的，太阳是金色的，水仙花是艳丽的，风信子是幽香的，但我的心是沉的，一直沉到地中海的海底。仿佛又看见克里斯汀站在南法的艳阳下，眯起眼睛，向我举杯。今天是他的生日。

从克里斯汀位于法国南部的大宅窗户望出去。

克里斯汀是我的硕士论文导师、银行家，他辞去大学教职之后一直管理自己的私募基金公司，多年来亦师亦友。那年我去南法的佩皮尼昂拜访他时，他已经病入膏肓，准备接受第三次化疗。可是他依然热情地带我到处吃喝玩乐，白天我们开着他的敞篷跑车在南法的金色阳光下奔驰，晚上与朋友们一起享用他私人酒窖里珍藏的红酒。我们把周边的米其林星级餐厅吃个遍；站上法国最南端的海角；还在西班牙的海滨小镇漫步，在地中海蔚蓝海岸无尽的蓝色中畅谈。他说，他的人生从得了癌症那一天才真正开始。致命的疾病让他认识到生命的真谛，体会到了亲人的可贵。那一次见面，是我毕业十五年来唯一的一次，也是最后的一次。

那是四月的一天，一下火车就感到暖风扑面，微微的海水咸味混合了阳光的味道，沐浴在如此奢侈的阳光之下，我这个英国来客立刻摆脱阴霾，心甘情愿地委身于这地中海的骄阳下。

法国南部蔚蓝海岸被认为是世界上最奢华、最富有的地区之一。是世界上众多名人、富人的居住地。佩皮尼昂市位于法国最南部，东临地中海，西连比利牛斯山，距离西班牙边境25千米，在1659年前一直是西班牙城市，这里法、西两种文化交融，"西班牙味"十足。

克里斯汀的家是一座郊区大宅，建于19世纪50年代，170多年的沧桑却也难掩它的绝代风华。推开厚重的大门，偌大的客厅展现在眼前。装修古朴典雅，富有田园风格。穿过就餐区，下两个台阶，是另一番天地。欧洲品牌设计师设计的沙发和椅子静静地卧在日光下，两架大钢琴一左一右地伫立着，一个现代，另一个古老，为这个摩登的休憩区增添了浓厚的古典文艺气息。特大落地窗户，望向郁郁葱葱的后花园。阳光从三个排成一排的天窗肆意泄下，坐在沙发上，每天的任务就是要尽情享受这一年足足三百天的艳阳。

为了答谢克里斯汀的款待，我诚意要求为他和他的朋友举办一次家庭聚会。他兴奋地邀请了古建筑修复专家艾伦和他的太太伊芙琳。

星期日的中午。太阳一如既往地闪耀着，艾伦和伊芙琳走进客厅，每个人给了我一个大大的拥抱和几声响亮的吻。艾伦戴了一副玳瑁框眼镜，手提笔记本电脑包，着一身随意的便装。伊芙琳把她亲手制作的苹果挞送到我手里，丰腴白皙的脸上满是笑容。

克里斯汀亲手切了水萝卜片，又拿出一些腌制好的橄榄，分别置于小碟子内。香槟是附近山上酒庄的优质出品，头天晚上在冰箱里冰镇过。我们谈天说地，好不快活。

我当然是大厨，献上了美味的锅贴。克里斯汀则从酒窖里请出珍藏的红葡萄酒。那来自露喜龙（Roussillon）的红酒颜色深，单宁味强，入口优雅细致，又不失精妙，是南部天堂的热情奔放和法国式丰富细腻的完美结合。餐后，我们享用了中国茶和伊芙琳的苹果挞。法式苹果挞用料简单，却出奇地好吃。挂了一层焦糖的苹果入口柔软湿润，酸甜可口，松脆的饼皮奶香十足。吃着、喝着、谈着，气氛轻松得让人的心神一不小心就跌入那片碧蓝的地中海。

今天，我强烈渴望再现伊芙琳的苹果挞。不一会儿，厨房就充满了苹果和酥皮的香气。切一角苹果挞，倒一杯香槟，坐在窗前的餐桌边，闭上眼睛，让春日的暖阳抚摸我的面颊，口中那迷人的味道像哆啦A梦的随意门，把我带回蔚蓝海岸，与克里斯汀碰杯。

法式苹果挞 （10英寸）

French Apple Tart

材料

挞皮面团
普通面粉: 200克
黄砂糖: 2汤匙
无盐黄油: 100克
鸡蛋黄: 1个

苹果泥
苹果: 3个
无盐黄油: 25克
水: 1汤匙
黄砂糖: 2汤匙

苹果馅
苹果: 3个
无盐黄油: 15克
黄砂糖: 1汤匙

杏肉果酱: 适量
温水: 少许

做法

1 先做挞皮面团。用手将面粉、黄砂糖和已软化的黄油拌匀成絮状。在面粉中间弄一个凹陷。把鸡蛋黄搅打均匀，倒入凹陷，用手和面，直到成团。如果太干，可以加几滴水。再把面团整理成扁平状，包保鲜膜，放入冰箱冷藏半小时。

2 把步骤1的面团擀成约3毫米厚的圆形挞皮。然后把挞皮搭在擀面杖上，拎起来盖在模具上，挞皮入模后，用手轻按底部，挞皮应多出模具边缘约5毫米。放入冰箱冷藏半小时。

当然，若超市有挞皮售卖，买现成的也可，不一定要自己做。

3 烤箱预热至170℃，剪一个比模具稍大的圆形烘焙纸，放在挞皮上，再放入烘焙石头压住挞皮，入烤箱烤10分钟。取出烘焙纸和烘焙石头，160℃再烤5分钟，直到挞皮呈金黄色。这时可以切去边缘多余的挞皮，冷却待用。

4 3个苹果切小丁。取小锅，下黄油、水、黄砂糖和苹果丁煮开，加盖小火煮5分钟，直到苹果变软，继续蒸发水分，用叉子捣烂苹果，做成苹果泥。把苹果泥涂在挞底。

5 另外3个苹果去核，切成4瓣，再切薄片，一片搭一片地转圈摆在苹果泥上。把剩下的黄油隔水加热至化开，用刷子刷在苹果上，撒黄砂糖。烤35分钟直到苹果变成金黄色，边缘颜色稍深即可。

6 杏肉果酱加少许温水，搅拌均匀，用刷子刷在苹果挞表面。这样苹果挞看起来亮晶晶的，勾人食欲。

法式苹果挞做好了，如果伊芙琳知道了，大抵会开心吧。克里斯汀，你闻到苹果挞的香气了吗？

妈妈的味道

妈妈在苏格兰高地。

　　今天早上冷极了。外面像下了一层霜，车身都结了一层薄冰。英国这样的冬天，如果不驾车，真是一种折磨。邻居家的水仙花开了，嫩黄的花瓣不惧风霜，细长的花茎在冷风中摇曳，惹人怜爱。

　　游泳回来，照例是饥肠辘辘，忽然想吃白菜炖豆腐。白菜炖豆腐虽然还有一个好听的名字：翡翠白玉汤，但毕竟是平淡无奇的东西，如此令人想念，也好生奇怪。妈妈最喜欢吃白菜炖豆腐，每次打电话，问她今天吃什么了，她经常会说："炖了一锅白菜豆腐，放了点虾皮，好吃。"

　　去年妈妈来英国，回去的时候我去机场送她。她坐轮椅，由机场工作人员推去电梯，我们在电梯口告别，还有另外两位中国老两口也被推上电梯。料到她肯定会哭，于是硬下心肠说："有啥好哭的，又不是再也见不到了。"她掉下眼泪，说："再来不了了。"旁边一位送机的女子听说叹息道："是呀，岁数大了，再难来了。"我心里一沉，妈妈八十岁了，人生无常，眼睛一酸，也模糊了。

　　妈妈从来就是个独立的人。当了几十年的护士，她对小病小痛从不担心，也能忍耐。她独自坐飞机，转机，和我去了不少地方旅行。我喜欢带妈妈一起旅行，她随和、不挑剔，是一个好旅伴。我们一起去过香港、澳门、台湾、厦门、青岛、北京、上海、苏州等，还去过新加坡。去年，我们乘坐邮轮游览挪威海峡，一起踏上了苏格兰高地。

　　印象最深的是台湾之行。我们一起住在九份的民宿，她那时还能爬上挂满大红灯笼的九份山路；我们一起坐平溪小火车，看别人放天灯，在十分瀑布边小憩；她爱上了台湾牛肉面，至今念念不忘。旅途中累了，她就找个地方坐下休息，对我说："你去玩吧，我就在这儿等你。"

　　这两年，她老得快了。心理上也开始依靠我们，记忆力衰退，膝盖疼痛，不能远行了。以前，经常做饭给我吃的妈妈，现在要我做给她吃了。她总是夸我越来越会做饭了，不管我做什么，她都说好吃。

　　妈妈还是对朴素的食物情有独钟，在东北住惯了，白菜豆腐是日常的美食。我们通常忽视常吃的食物，不觉得有什么特殊。但是，每当你有一阵子不吃这种普通食物的时候，就会想念起它，比如说白菜豆腐、黏玉米、克东豆腐乳……名单很长。

　　葱花、虾皮爆锅，炒炒白菜，添水煮滚，加入豆腐。绿叶的白菜和嫩白的豆腐，清汤飘着油花，喝一口，又鲜又润，是家乡的味道，是妈妈的味道。

❖

🅢 翡翠白玉汤 （1人份）
Tofu Cabbage Soup

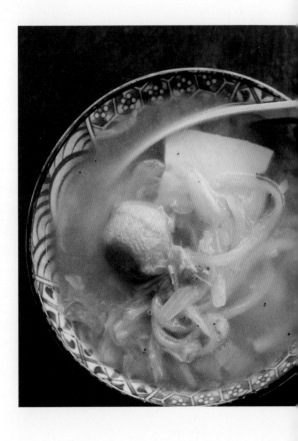

◆ 材料 |

白菜：5片	橄榄油：适量
豆腐：100克	盐：适量
虾皮：1汤匙	白胡椒粉：少量
鱼丸：4个	鸡粉：适量
小葱：1根	水：适量

◆ 做法 |

1　小葱切葱花，白菜切条，豆腐切片。

2　热锅下少许橄榄油，爆香葱花和虾皮，下白菜炒香。加水，加盖煮开至白菜变软。下鱼丸和豆腐，煮2分钟，加盐、白胡椒粉和鸡粉调味即可。

一大碗白菜豆腐，配少许米饭，一个人的午餐，暖洋洋的幸福。

欧姆蛋的日式变种

家门口的樱花开得如痴如醉。

　　最近的天气都很好，白天也长了，阴冷的冬天已经过去。前几天路过公园，发现樱花树都已经结了透着粉色的花蕾，远看整个树冠是暗粉色的，随着时间的推移，这暗粉色会逐渐变浅直到盛开。我家附近的主干道两边都种了樱花树，是水粉和粉白两个品种相间的。樱花盛开的时候，水粉色的先开，粉白色的稍后开。每当满地都是粉红色花瓣的时候，粉白色的花朵又重重叠叠地，一串串地挂满枝头。

　　手握一杯咖啡，坐在春光漫溢的窗前，耳边响起奥蒂斯·雷丁（Otis Redding）慵懒又忧伤的声音，是那首《坐在湾边的港口》（*The Dock of The Bay*）。歌手雷丁花了长达五个月的时间创作这首歌。1967年12月7日，雷丁完成了录音。令人扼腕的是，三天后他坠机身亡，年仅二十六岁。

一首歌影响几代人，今天这首歌仍旧触动人们的心灵。当雷丁享受着坐在海湾码头的恬静时光时，他并不知道这首歌的完成就是生命的终结。当我每天早上迎着朝阳打开窗，坐在早餐桌前喝下一杯热咖啡时；当我目送孩子们上学去，坐在书桌前看书写作时；当我和家人共进晚餐，陪孩子们一起做功课时，我都心存感恩。

　　每天都要为家人准备一顿丰富的晚餐，其实是一道不简单的课题。既不能重复前两天的食物，又要考虑到孩子成长的营养需求，不能将就；而且家庭成员的喜好不同，要照顾到每一个人的口味，保证每人都有喜欢的菜，都能吃饱。在连着几天吃中餐，意大利面也刚刚吃过后，我有点黔驴技穷了。想来想去，不如做蛋包饭，简单、美味，又有营养。

　　我们经常吃的蛋包饭是和风洋食，就是日本改造西方美食，而形成的具有日本地方特色的食品。蛋包饭的原型是法国的欧姆蛋，就是煎鸡蛋中包裹蘑菇、火腿、培根、洋葱等各种馅料，西方人通常用来当成早餐。明治时代，日本开始接受大量西方文化，包括法国美食。欧姆蛋在日本被改造成煎鸡蛋包裹番茄炒饭，再淋上番茄汁。番茄炒饭，除了番茄之外，还可以放一些自己喜欢的食材，比如洋葱、豌豆、蘑菇、火腿、鸡肉和培根等。

　　好的蛋包饭，鸡蛋嫩黄软滑，配鲜红的番茄汁。用餐刀切开，红色的番茄炒饭里露出绿色的豌豆、黄色的玉米和粉色的火腿粒，让人食指大动。送一勺入口，嫩滑的鸡蛋下是口感丰富的炒饭，番茄的酸甜搭配火腿的咸香，甜和咸的碰撞激发出不可思议的和谐。仔细咀嚼，豌豆、玉米和洋葱在牙齿的挤压下迸出蔬菜特有的鲜甜，所有这一切都被番茄浇汁浓缩的酸甜再一次包裹，让味蕾得到了最丰富的刺激。吃不停口的你，不禁心中暗呼：美哉！

🅢 蛋包饭 （1人份）

Omurice

⚜ 材料

鸡蛋：3个
米饭：1碗
番茄：2个
洋葱：1/4个
火腿：50克
豌豆：15克
玉米粒：15克
番茄膏：2汤匙
番茄酱：2汤匙
盐：少许
白砂糖：少许
黑胡椒粉：少许
蚝油：少许
橄榄油：适量

无论作为早餐、
夜宵还是正餐，
都百分百合适。
其软糯的口感
也很适合孩子
和老人。

⚜ 做法

1　鸡蛋打散，确保蛋黄和蛋清充分混合，这样能做出颜色均匀的蛋皮。

2　用刀在番茄顶部划十字，放进滚水中烫2分钟，取出剥皮，切成小丁。取1/3分量的番茄，去除番茄籽，用来炒饭。番茄籽水分比较大，炒饭时最好去除。去除的番茄籽瓤可以连同剩下的2/3番茄一起做番茄酱汁。洋葱切碎，火腿切丁，待用。

3　锅内放适量橄榄油，下洋葱，小火炒软。下入1汤匙番茄膏、1/3番茄丁、1汤匙番茄酱、玉米粒、豌豆和火腿丁，炒香。出锅放在容器中待用。

4　锅内下少许橄榄油，2/3番茄丁下锅，小火煸炒，下入1汤匙番茄膏、1汤匙番茄酱、少许水，搅拌均匀，加少量白砂糖和盐，调味。待用。

5　不粘锅内放橄榄油，中火，油热，下一碗米饭，耐心地用铲子拨开，切忌用铲子压米粒，这样会破坏米粒的外皮，使得米饭黏在一起。炒到米粒散开，下入炒好的番茄、玉米粒、豌豆和火腿丁，炒匀。开始调味，放少许盐、黑胡椒粉和蚝油，炒匀，熄火，待用。

6　取一大号平底锅，倒入橄榄油（可以稍微多一点油），中火烧热后，用筷子蘸一点蛋液在锅底划一下，如果蛋液可快速凝固就代表温度够高，倒入蛋液，用筷子快速搅拌几下，当边缘开始凝固的时候，就转小火。把炒饭盛在鸡蛋皮上，这时向上的一面鸡蛋还未全熟，最有弹性。用铲子把蛋饼的两边向中间折叠。拿一只大盘子，扣在锅上，翻转平底锅，将蛋包饭扣在盘子中央。

7　最后，把番茄汁浇在蛋包饭上，一盘金黄色的、热辣辣的蛋包饭就做好了，配上味噌汤则更完美。

松软甜蜜的春天

今天又是一个大晴天，阳光明媚，小鸟唧唧地叫着。冬天生长缓慢的小草也焕发出了生机，突然就长了好多。想实验一下春天种的萝卜，看看会不会长得大一点，于是发现在前几天播下的萝卜种子，今天已经发芽了。去年秋天种的萝卜个头太小，但又甜又脆，非常好吃，我想是温度低的缘故。

原本是一个可爱的春天，但是当地政府宣布取消所有公开考试，这个消息对A-level①和GCSE②考生来说是巨大的打击。然而，不考试也未尝不是好消息，不如做点好吃的庆祝一下长假的开始。于是我打算做个舒芙蕾，希望松软和甜蜜能够伴随这个漫长的假期。

舒芙蕾来自法国，法语叫作"Soufflé"，又叫蛋奶酥。这款甜点用料平常，最近成了网红食品，而且价格不菲。刚出锅的舒芙蕾表面金黄鼓胀，叠得高高的，配鲜红或翠绿的时令新鲜水果和洁白的淡奶油。一刀切下去你能听到蛋白泡沫破裂的哧哧声，与奶油和水果一起送入口中，体会蛋糕的松软即化、水果的鲜爽多汁、奶油的幼滑香甜，这是口感、味觉和视觉的盛宴。

舒芙蕾通常配草莓、蓝莓和树莓，走红色系。但今天冰箱里只有牛油果、猕猴桃和青柠，这反而是绿色系的绝佳组合。牛油果幼滑绵密的口感，配上猕猴桃的酸甜清香，加上青柠的激爽，再用蜂蜜来调和，无论从视觉还是味觉来说，都是绝妙的组合。

热乎乎的舒芙蕾上桌了，坐在早上的阳光下，喝一杯抹茶，吃一口蛋糕，这个春天令人难忘。

---

① A-Level（General Certificate of Education Advanced Level），是英国普通中等教育证书考试高级水平课程，也是英国学生的大学入学考试课程。
② GCSE（General Certificate of Secondary Education），中文译为普通中等教育证书，是英国学生完成第一阶段中等教育会考所颁发的证书。

猕猴桃舒芙蕾 （1人份）

Kiwi Soufflé

❧ 材料 |

面糊
蛋黄：1个
白砂糖：5克
植物油：1/2汤匙
牛奶：1/2汤匙
自发粉：20克

蛋白霜
蛋清：1个
白砂糖：10克

牛油果猕猴桃酱
牛油果：1/2个
猕猴桃：1个
青柠：1/2个
白砂糖：适量
蜂蜜：适量

植物油：少许
淡奶油：50毫升
抹茶粉：少量

❧ 做法 |

1 制作牛油果猕猴桃酱。牛油果、猕猴桃去皮切小块，留少许猕猴桃片做装饰。青柠榨汁。把猕猴桃、牛油果和青柠汁连同适量的白砂糖和蜂蜜放入搅拌机打至幼滑。淡奶油加适量白砂糖打发。

2 制作面糊。蛋黄加白砂糖、牛奶和植物油，搅打至颜色变浅，筛入自发粉，搅拌均匀至呈半流动状。如果太干，可以增加少量牛奶。

3 制作蛋白霜。蛋清用打蛋器打至出现大泡，分2次加入10克白砂糖，打至坚挺。将蛋白霜分3次加入到面糊中，轻柔搅拌均匀。

4 平底锅小火加热，刷一层植物油，用汤匙把步骤3的面糊舀入锅中，先把4匙面糊分别放置在锅的不同部位，中间留有足够的空隙。第2次加面糊时，把面糊加在之前的面糊上，如此这般慢慢叠加，直到放完所有面糊。在锅里滴几滴热水，加盖，用小火煎焗五六分钟。

5 第一面煎好后，打开锅盖，这时面糊表层已凝固了一层金黄色的薄皮，用平铲小心翻面，再滴几滴水，加盖。约4分钟后，另一面也呈金黄色时，就可以出锅了。

这一步的锅要够大，面糊之间留有足够的空间让铲子来翻动。如果太挤，翻面的时候就会不小心碰到，从而损坏表面。而且一定要用小火，否则底焦了，面糊却还没烤熟。

6 把舒芙蕾放在平盘上，一个叠一个，共4层。盛1匙打发的奶油放在一旁，再盛1匙牛油果猕猴桃酱，把猕猴桃片放在果酱和舒芙蕾上作为装饰。撒少许抹茶粉即可。

婴儿般的满足感

今天的天气太好了，太阳毫不吝啬地晒在我的后背，空气中飘着太阳的味道。对，太阳的味道，那种干爽的、清新的，让人深深吸入就会微笑的味道。在花园里的椅子上坐着，补一补冬天缺失的维生素D，是一天的小确幸。

趁着好天气，我打算修剪一下草坪。整整一个冬天，草长得很慢，最近天气转暖才开始疯长。推着剪草机，太阳当头晒着，扬声器里放着贾斯汀·拉特里奇（Justin Rutledge）的《卡普斯卡辛咖啡》（*Kapuskasing Coffee*），他慵懒悠闲的歌声让这个午后更有夏天的味道。我的后背开始出汗，修剪过的草地散发着浓浓的青草香气，剪草虽然辛苦，但其实是一项让人心旷神怡的工作。看着前后花园平整、翠绿的草地，我心里盘算着，可以开始让休眠了一整个冬天的大理花复苏了。

放在纸箱里的大理花根茎静静地度过了冬天，我打开盖子，掀起报纸的一角，一切都好。由于保存时喷了防止霉菌的药粉，根茎个个干净整齐，有些已经冒出小芽了。我轻轻合上盖子，让它们再安睡几天。

春天，万物复苏，宜进补，于是想起了肉骨茶。说到肉骨茶，我就有一种暖洋洋的、饱饱的感觉。就像满月的孩子刚刚吃完母乳，躺在妈妈的怀里一样，舒舒服服地，闭着眼睛，嘴巴还在一动一动的，粉红色的小脸，有点皱，有点干，但写满幸福。吃了肉骨茶就有这种满足感。

然而，好吃的肉骨茶并不多。原来在香港的家附近有一家马来餐厅，售卖地道的马来西亚菜，有我喜欢的去骨海南鸡，还有巴东牛肉饭，都不错。有个朋友是马来西亚人，我和她常常光顾这家餐厅。她爱那里的椰汁饭，说很地道。

但是，没试过他家的肉骨茶。因为我基本不抱什么希望，估计不会好吃。那天，我实在没什么可吃，就一个人走去吃肉骨茶。门口买好单，坐下来等，不一会儿，服务员就端来一个砂锅。揭开盖子，热气扑面而来。细看，酱色汤里面有四五块肉骨头、两块三角形油豆腐、几片姜、一两粒煮得烂软的蒜头。旁边配一碗丝苗米饭，一杯鸳鸯奶茶。我迫不及待地吃起来，味道还蛮正宗的。只是嫌商家太小气，多弄几块炸豆腐，或者配一两根油条也好，最好下两棵小油菜，这样才丰富，不至于吃到后来变成汤泡饭。

新加坡有家松发肉骨茶，是出了名的"必吃餐厅"。松发肉骨茶要点大碗的，排骨是一大长条的那种，必须用手拿着吃才过瘾。汤色并不是传统的深酱色，而是浅浅的，但胡椒粉的味道很浓。画龙点睛的是一小碟泡着小朝天椒碎的酱油，用来蘸排骨一流。

其实，肉骨茶很容易做，只要买对汤包，就成功了一半。我选择"瓦煲标"的巴生肉骨茶，有传统口味的，也有类似松发的胡椒口味。

肉骨茶 （4人份）
Bak Kut Teh

❧ 材料

水：2升
肉骨茶汤包：1个
肋排：1千克
大蒜：2头
干香菇：5朵
油豆腐或油条：适量
生抽：3汤匙
老抽：3汤匙
盐：适量
白胡椒粉：适量
西芹：适量

❧ 做法

1 肋排焯水后洗净，香菇泡发洗净。把肋排骨、香菇、整头大蒜（无须去皮）和肉骨茶汤包放入汤锅，加水，大火煮滚。加入生抽、老抽和盐，小火慢煮1.5小时。

2 西芹去掉外面的老皮，掰成段，与油豆腐一起放进煮好的汤里，稍煮一会儿变软即可。汤煮好后，加适量白胡椒粉调味。大蒜要立即捞出来扔掉。如果要放置过夜，里面的汤包也要扔掉。

配上好的珍珠米饭，看着肉汤渗进晶莹剔透的米饭中，也是一种享受。所以，不用去新加坡站在闷热的大街上排队吃"松发"，自己在家就能吃上美美的肉骨茶。在关键时刻，不妨就用手来吃，体会一下排骨、嘴唇、牙齿和手的关系，这种先天的协调，像音乐一样有韵律感。这样，你就会体会到婴儿吃饱后的那种满足感。

四月
April

一说四月的英文名"April"源自拉丁语"aperire",表示"开",有春天花朵盛开的意思。四月是草长莺飞的春天,罗马人把这个开花的浪漫之月献给爱与美的女神维纳斯。维纳斯的希腊名字叫作"Aphrodite",所以也有人认为这才是"April"的起源。在罗马神话里,维纳斯不仅代表爱与美,同时也是丰饶多产之神。四月,春天和希望一起到来,罗马人希望维纳斯能给罗马带来富饶丰收的一年。

欧洲把四月一日定为"愚人节"已有将近五个世纪。英国的"愚人节"恶作剧结束于正午时分。如果有人下午还玩这个把戏,就会反被人笑称为"愚人"。苏格兰的愚人节本来叫"猎取布谷鸟日"(Huntigowk Day)。"Gowk"本意是布谷鸟,又指愚蠢的人。这一天的恶作剧受害者都被称为"Gowk"。

在意大利、法国、比利时、瑞士和加拿大的法语区,四月一日被称为"四月鱼"(April Fish)。人们会把一条纸做的鱼贴在被取笑的人的后背。报纸上也有假新闻,内容会提到鱼来暗示这是愚人节的假新闻。

4月1日:愚人节
春分月圆后的第一个星期日:复活节

丁香时节的家庭烹饪课

　　今天太阳一如既往的好，隔壁院子里的樱花开了，一串串的粉红小花，娇嫩得很。一半树枝越过栅栏伸进我家，就当我家也种了一棵樱花树。有些人不喜欢别人家的植物伸展到自己家的花园，就把邻居的树砍一半，可怜的树变成"半壁江山"，成了"残疾树"。另外一边，邻居的丁香开花了。高高地、满枝头的紫色印在蓝天上，煞是好看。他家的丁香种子落在我的花园里，长出了小苗。我把小苗移进花盆，前年开始移进花圃，今年的高度已到我的肩膀，也长了花骨朵，就像看见自己的孩子长高长大一样，让人心生欢喜。

　　小时候我家门口有一片丁香树，是灌木品种，每年春天的时候，走在门前的路上都是一路飘香。东北的丁香要五月才开，那时天气会一下子热起来，脱掉棉袄棉裤，走在路上身子都变得轻了。花香混合着温暖的春风，还有淡淡的灰尘味，便是家乡的味道。每当英国的丁香开放，我都会拍几张照片分享到微信朋友圈，家乡的朋友都会争相告诉我，东北的丁香还没开花，但也快了。去年五月，小学同桌大为同学还拍了我老家门口丁香花开的照片。小时候的朋友是一生的朋友，虽然有的人已经完全改变，但是大为没变，还是小时候的他，能有这样的朋友，是一生的幸事。

　　我把院子两边的花圃清理干净后，松了松土，为种大理花做准备。墙头的那只罗宾鸟看见我翻土，又飞来了。它转动着小脑袋，扑扑翅膀，飞下来，一点头，就啄到一只虫，这次它直接吃了，没带走喂小鸟。它挺着橘红色的小胸脯，亮晶晶的黑色小眼睛左右寻找，跳来跳去，不一会儿就吃了好几条蚯蚓。

我把装大理花的纸箱搬到院子里，打开盖子，拿掉覆盖着的报纸，用喷壶给表面的土喷了一些水，今天天气好，就让阳光和水唤醒沉睡的美丽。

孩子们都不用上学，睡到很晚才起床。每个人吃早餐的时间都不同，干脆让他们自己学习准备早餐。这样他们可以自己睡醒，自己做早餐，既自由又可以练习烹饪技术。做饭其实和游泳一样，是一个人必须掌握的生存技能。我们往往忽视厨房教育，认为孩子只要学习好，有广泛的艺术兴趣就够了。其实，厨房教育越早开始越好。英国的学校有家政课程，隔周就有烹饪课，学习做蛋糕、馅饼等简单食物。小儿子很喜欢，经常把在学校做的食物带回家和我分享。

趁这个超长假期，我给两个青少年上厨房课，让他们学习基本烹饪技巧。两个人都肯学，乐于自己掌握时间和食物。今天就教他们做鸡蛋三明治。鸡蛋三明治、火腿三明治和鸡肉三明治是最常见的三明治。鸡蛋三明治配上超软面包，看似平凡，却让人一试难忘，是我大儿子的最爱。

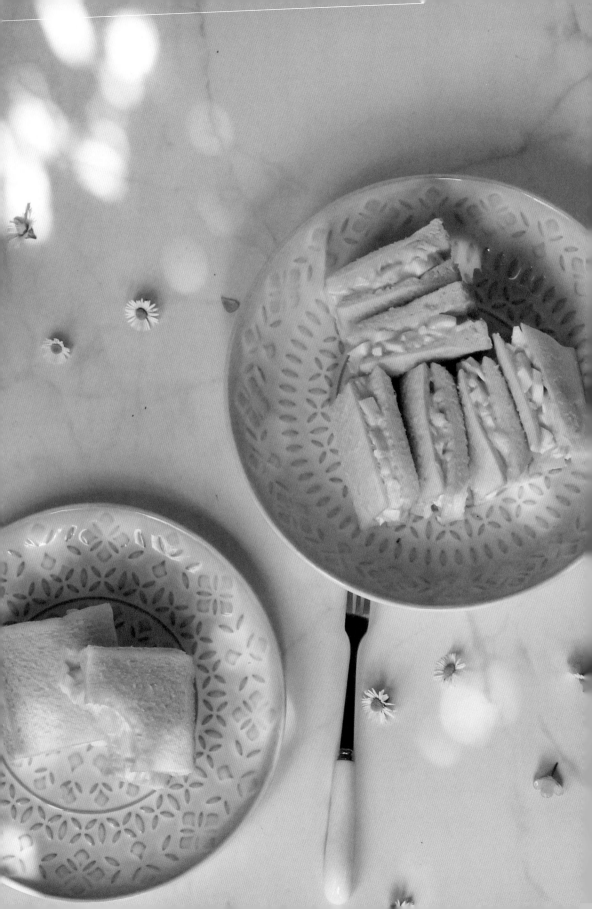

🥚 鸡蛋三明治 （1人份）

Egg Sandwich

◀ 材料 ｜

鸡蛋：2个
蛋黄酱：适量
白面包片：4片
洋葱：少许
黄油：少许
盐：少许
白胡椒粉：少许

如果你的孩子还没开始学习厨房技能，那么就从三明治开始吧！

◀ 做法 ｜

1 鸡蛋放入冷水中，大火煮至水滚，转小火煮10分钟至全熟。洋葱切碎。面包宜选择软白面包，面包越松软，做成的鸡蛋三明治的口感越好。

2 将煮熟的鸡蛋用冷水冲一下，剥壳，切成小丁。洋葱碎放入一个大碗，加入鸡蛋。趁热把鸡蛋和洋葱混合，洋葱受热可以去掉一些辣味和刺激的味道。加少许盐、白胡椒粉和约4汤匙蛋黄酱（多放一些蛋黄酱，味道会更好）。搅拌后即成鸡蛋沙拉，沙拉呈黏稠状，每一块鸡蛋都包裹着蛋黄酱。

3 面包片涂抹黄油，把鸡蛋沙拉分成2份，分别夹在4片面包中。如果不喜欢面包皮，可以切边。用手轻按三明治，让面包和馅料黏合，然后切成4块，可以切成三角形或长方形。

新鲜柔软的面包与好的蛋黄酱是制作鸡蛋三明治的关键。小小一个鸡蛋三明治其实要求不少厨房技能。学习制作鸡蛋三明治的过程中，孩子不但学会了煮鸡蛋、如何掌握鸡蛋的生熟度，还学会了切洋葱碎的方法以及处理面包、涂抹黄油和切三明治的技巧。

糯米与红豆的绝配

　　早上，我一边听BBC（英国广播公司）新闻，一边整理餐具。向窗外望去，忽然看见一只小松鼠一跳一跳地从草地上跑过来。它的大尾巴轻轻一抖，就跳上厨房外的木板地台。它左顾右盼，寻寻觅觅，好像在找什么。难道是藏了什么好吃的在我家院子里?

厨房外的松鼠。

　　前几天我挖地时挖出了几粒花生，估计就是这位小客人藏的宝。种在院子里的韭菜，经常被连根拔起，可能也是这位仁兄的"杰作"。它几下就跳到玻璃门外，一只小"手"搭在门框上，向屋里张望。它黑亮的小眼睛狡黠地闪动着，毛茸茸的大尾巴竖起来，样子淘气又可爱。

　　今天是受难节（Good Friday）①，复活节假期的第一天，我想起了中国北方的油炸糕，于是打算炸一些来做早餐。高油高糖的食品虽然不健康，但以"偶尔为之，逃避乱世"为借口，也不为过吧。

————————

① 受难节（Good Friday）是纪念耶稣受难的日子。据资料记载，耶稣被钉死于十字架的日子是犹太人安息日的前一天，即星期五。基督教据此规定每年复活节前的星期五为受难节。

油炸糕是东北地区的传统糕点。我认为，红豆馅的炸糕最好吃，糯米配红豆是经典搭配，北方有红豆粽子，南方也有红豆糯米糍。

糯米团子油炸的做法，除了油炸糕外，还有麻团，在南方叫煎堆，是以糯米粉团蘸上芝麻炸成，有空心的，也有包花生或豆沙馅的。煎堆历史悠久，是宫廷糕点，初唐诗人王梵志有诗云："贪他油煎馎，爱若波罗蜜。"这里的"煎馎"逐渐演变成现在的"煎堆"。后来中原人南迁，把煎堆带到南方，成为广东著名的小食。

糯米炸糕还有"咸味版"，就是广式点心咸水角，以猪肉、韭菜等做馅料，也是我的茶楼必点。

小时候在老家，有时候会买豆腐花、油条和油炸糕做早餐。那时候我总是睡懒觉。起床后，吃上一碗豆腐花，再来一个油炸糕，就特别满足。老家附近的菜市场有个卖油条和油炸糕的小摊子，早上买早餐的人大排长龙，现炸现卖。买了油炸糕，回家的路上边走边吃。好吃的油炸糕外酥里嫩，红豆沙甜得恰到好处，香甜之外，还有一丝淡淡的发酵酸味。发酵能给食物带来丰富的味道，比如西方的酸面包和东北的黏豆包。东北农家的黏豆包是大黄米面包芸豆馅制成的，也有淡淡的发酵酸味。

类似糯米炸糕的还有北方的炸元宵。正月十五吃元宵，北方的元宵比南方的汤圆个头大。小时候，家里会买散装的元宵，塑料袋装好挂在窗外，想吃的时候拿几个。除了煮之外，还经常吃油炸元宵。炸好的元宵呈金黄色，有的裂开露出白色的糯米面，比水煮的好吃。

油炸糯米糕需在糯米粉中添加适量的糖，这样炸出来才能是金黄色，否则炸好后颜色偏浅。

🏷️ 油炸糕 (6个)
Deep Fried Sticky Rice Cake

◣ 材料 |

糯米粉：140克
粘米粉：60克
白砂糖：30克
酵母：2克
温水（32~35℃）：210毫升
红豆沙：适量
植物油：适量
普通面粉：少量

◣ 做法 |

1 除普通面粉外的干材料混合，加温水，和成比较湿的面团。容器加盖，醒发1小时。

2 红豆沙搓成长条，裹一层普通面粉，切成等大的6小块，揉成圆球待用。

3 步骤1的面团醒发好后比较干，加适量水，和匀。这时面团比较湿，手蘸油比较好处理。把面团分成等大的6个面剂子，搓成球，压扁，边缘捏薄，放入1个豆沙球，用虎口收口包好。搓圆，按扁，一个生饼坯就做好了。

4 锅中倒油，油要尽量多些。油六成热时（把筷子插入油锅，有小气泡迅速升起时，即六成热），饼坯下锅，中火油炸，当浮起时转小火，勤翻面。炸至两面金黄、鼓起，就好了。注意油温不能太高，否则会炸裂。也不宜炸太久，否则会硬。

捞起控油，就可以趁热吃了。一口下去"咔嚓咔嚓"，张口呼出一团热气，留在嘴里的是酥脆加软糯。糯米的香和豆沙的甜就是我想要的全部。久违的油炸糕，带给我一个宁静与满足的早晨。

复活节的玉子早餐

英国女王任职68年来第一次在复活节发表演说，继4月5日发表"至暗时刻"演讲后，不到一周又发布了第二次演讲。英国女王在这个时刻连续向国民发布演讲，旨在鼓励英国各个宗教信仰的民众共度时艰。

她说："许多文化中都有庆祝光明战胜黑暗的节日，这种场合通常会点上蜡烛。对于所有文化、所有信仰的人，这似乎是共通的。烛光在生日蛋糕上闪亮，蜡烛在家庭纪念日被点燃。我们开心地围绕在烛光旁，团结一致。"

复活节前的星期六，当夜幕降临时，许多基督徒通常会共同点燃蜡烛。在教堂，一支蜡烛点燃另一支，随着更多蜡烛被点燃，光的传递速度慢慢加快。这显示了耶稣复活的好消息从第一个复活节开始，传递给每一代人，直到今天。

今年的复活节对许多人来说是不同的，然而分离让我们保证了他人的安全。但是复活节并没有被取消，人们比以往的任何时候都更需要复活节。人们在复活节的第一天发现耶稣复活，这给了信徒们新的希望和崭新的目标，而我们所有人都可以从中得到鼓舞。我们知道新型冠状病毒不会战胜我们。死亡是黑暗的，尤其是对于那些饱受悲伤打击的人们，但光明和生命更伟大。愿复活节燃烧着的希望之火，成为我们面对未来的坚定指引。

祝愿有着千差万别的每一个人，无论秉持何种宗教信仰，都能度过一个幸福的复活节。

英国女王清晰坚定的声音回响在耳边——"光明和生命更伟大"，复活节的希望之火将"成为我们面对未来的坚定指引"。

黑暗总会过去，日子会好起来的。太阳闪亮，白昼长于黑夜的日子刚刚开始，光明与生命总是更伟大。

复活节是耶稣复活的节日，象征着新的生命。而复活节总是和"蛋"联系在一起，因为每年的四月是禽类繁殖的时候。鸡和鸟儿都开始孵蛋，小鸟都是这个时候诞生的，所以蛋也是新生的象征。

今天的早餐就做久违的玉子烧。玉子烧的由来可以追溯到江户末期的京都。1643年出版的《料理物语》中记载了一种叫"玉子软绵绵"的料理。玉子烧有甜有咸，除了普通的玉子烧外，还有厚烧玉子烧[①]。普通的玉子烧需在蛋液里加入高汤，口感膨松湿润；后者常用于寿司配料，口感更朴实。"寿司之神"小野二郎的徒弟追随他多年后才有机会做玉子烧。大徒弟获准做玉子烧后，连续四个月天天做，做了二百多次后才终于获得师傅的点头肯定，喜极而泣。

玉子烧是日本的家常菜，每位主妇都有自己的配方。有一次去日本旅行，酒店的免费早餐就有玉子烧。厚厚的玉子烧，入口极其松软，淡淡的咸味里有海苔的鲜甜。虽然是一道看似简单的料理，但味道丰富，给人留下了深刻的印象。后来在逛筑地市场时，发现了一个卖玉子烧的摊档，飘出的气味极香，驻足观看伙计现场制作玉子烧也是一大享受。

于是我去东京的厨具市场买了一个铜制的玉子烧锅。这个锅配了原木的把手，看起来很朴实。卖货的店主推荐说用这个锅做出来的玉子烧最柔软，是饭店用的专业锅具。我还顺便买了一个平头的铲子，宽窄与锅子相同，专门做玉子烧用。

有了"玉子烧神器"，就算身在英国，也可以重温日本东京的玉子烧早餐。何乐而不为？

[①] 厚烧玉子烧，即比较厚的玉子烧。与普通玉子烧不同的是加入了虾泥、高汤、清酒、味醂、糖等作料。而且不是卷起来的，是一整块厚的，非常需要技巧。

食谱 玉子烧 （2 人份）
Tamagoyaki

❖ 材料 |

鸡蛋：4个
白砂糖：15克
盐：1.5克
味醂：1/2茶匙
日式烧酒：1/2茶匙
柴鱼昆布高汤：90毫升
橄榄油：少许

柴鱼昆布高汤
柴鱼片：20克
昆布：10克
水：1升

❖ 做法 |

1 想做出地道的玉子烧，柴鱼昆布高汤是关键。高汤做好后可以放进冰格，做成冰块，每次用3块，很方便。

制作柴鱼昆布高汤：昆布就是我们常说的海带。干昆布上有一层白霜，是鲜美风味的来源，千万不要洗掉。昆布浸泡30分钟后取出，放入1升水中，中火煮约10分钟，水刚刚沸腾时取出昆布，放入柴鱼片小火煮2分钟，熄火。过滤后的汤汁便是高汤。煮过的昆布可以做关东煮，柴鱼片炒一下可以拌饭吃。高汤冷却后放入冰格中，冷冻后的冰块放入保鲜袋，储存在冷冻室中，要用的时候拿几块即可。

2 将4个鸡蛋打散。放入高汤和其他所有调味料搅拌均匀。如果想让玉子烧表面细致、颜色均匀，可以过滤蛋液。但我通常会省去这一步。

3 在锅里刷一层橄榄油，小火烧热，用搅拌蛋液的筷子尖蘸一点蛋液，划过锅子，如果马上出现一个白道，就是够热了。把约1/4的蛋液倒入锅中，用筷子迅速搅拌，目的是避免鸡蛋皮粘锅的一面颜色过深。蛋液半凝固时，用平头铲子小心地把鸡蛋皮从锅的一边向靠近身体一侧卷过来。然后，在空锅的部分刷油，用铲子把蛋卷再推向刷过油的一侧。

4 再倒入1/4蛋液，用铲子把做好的蛋卷稍微抬起，让蛋液流到蛋卷底部。同样用筷子搅拌蛋液，半凝固时，把蛋卷向朝身体方向卷过来。然后重复动作，直到蛋液用完。

做好的玉子烧放入做寿司的竹帘中，卷紧，稍微冷却后就可以切块上碟了。冷吃、热吃都别有一番风味。

TIPS
要做出口感柔软，表面细腻均匀的玉子烧不但需要技巧，火候也很重要，多练习几次自然就可以掌握了。

罗宾一家

我在藤架上钉的鸟窝。

　　早上天气晴朗，天空很蓝，但是风吹得有点冷。我给玫瑰花和苹果树打了防止霉菌的药就开始准备早餐。

　　午后，阳光变得暖洋洋的，我和孩子们一起为花园除草。我去后院的储藏室拿花盆，发现放花盆和杂物的架子上有很多枯树叶，其中有一个塑胶盒子里还围了好几圈叶子，像是有鸟要筑巢。架子的上层有三个油漆桶，中间的缝隙也塞满了树叶。我移开一个油漆桶，骇然发现这里居然隐藏着一个做工精致的鸟巢。这个鸟巢外面是枯叶和绿色的苔藓，样子和颜色都很好看。我踮起脚尖向里面看了一眼，哇！里面竟是由极细的树枝围成的一个坚固巢穴，树枝纵横交错，结构既复杂又整齐，最让人惊奇的是里面有三只淡咖啡色的蛋。这蛋小得很，似乎比鹌鹑蛋还小。但颗颗光滑透亮，安静地躺着。我把油漆桶小心翼翼地放回去，拿了一些花盆和工具出来。从今天开始，我打算不进那个小屋了，等"罗宾夫妇"孵好蛋再去。为什么窝里没有鸟呢？听说罗宾鸟每天下一个蛋，要等下够四个才开始孵。我猜有可能成鸟出去觅食了；也有可能这些天我进进出出，鸟爸鸟妈觉得不安全，弃蛋而去？想到这里，我的内心呐喊着："千万不要这样，亲爱的罗宾，我再也不去那里拿东西了，你们快回来孵蛋好吗？"

花园里的爬藤结了好多花骨朵。去年我在藤架上钉了两个鸟窝，只是为了好玩而已。刚才发现了鸟巢后，我好奇地看看这两个鸟窝怎么样。其中一个鸟窝的门向前，里面空空如也。另外一个在藤架后方，面向侧面，里面有树叶！我踮起脚尖，向里面一看，了不得，一双小眼睛正从里面向外看着我，还有橙色的小胸脯，是一只罗宾妈妈正在孵蛋。我马上走开，好像被这个小客人吓到了，我的心扑扑地跳，既兴奋，又幸福。有两对罗宾在我家筑巢，我的运气太好了。怪不得我前几天挖地，就有罗宾飞来吃虫子，原来就住在我家。

罗宾是英国的国鸟，样子小巧可爱，有橙红色的胸脯，不怕人，经常在出人意料的地方筑巢，有时奇怪得让人啼笑皆非。曾经有一个人耕地时把外套挂在田边，吃完午饭回去时，发现一对罗宾正在他的外套兜里筑巢。最近还有新闻说，在贝尔法斯特丰田汽车营业部的停车场上，有一对罗宾在一辆丰田车的车轮与挡泥板之间筑了巢，还孵出了六只小罗宾。

罗宾夫妇分工明确，罗宾妈妈负责孵蛋，爸爸就在周围活动，为妈妈提供食物。孵蛋一般需要12~14天，小鸟孵出后也要大约两周才开始出巢。怪不得前几天我看见罗宾来吃虫，直接吃掉没有带走，原来小鸟还没孵出来。去年六月我挖地时，发现罗宾叼着虫子飞走再回来，来回多次，相信就是在喂养小鸟。

孩子们不用上学的早晨，早餐可以慢慢做。小儿子最近个子飙高，有青春期开始的迹象，营养需要跟上。不如就做他喜欢的西葫芦鸡蛋饼。英国的西葫芦颜色深绿，皮嫩，个头小，没有籽，很好吃。小时候妈妈常做西葫芦鸡蛋饼，软软的，蛋香浓郁，又有西葫芦的鲜甜，配玉米面粥，是让人胃口大开的早餐。

西葫芦鸡蛋饼 （3人份）

Courgette Pancakes

❧ 材料 |

西葫芦：3根（约500克）
自发粉：100克
鸡蛋：3个
葱：3根
虾皮：适量
盐：适量
白胡椒粉：少许
植物油：适量
蛋黄酱：适量
烧烤酱：适量

❧ 做法 |

1 西葫芦切丝，放少许盐，腌10分钟。葱切末。

2 把鸡蛋直接打入装有西葫芦丝的容器中，再加入葱末、虾皮、自发粉、盐和白胡椒粉。搅拌均匀成糊状。用自发粉调节面糊的湿度。

3 平底锅多倒些油，油热后转小火，舀适量面糊到锅里，抹平。底部成形后翻面，煎至两面金黄。我喜欢用小平底锅，容易翻面，如果饼太大，很难翻得完整。

4 煎好的鸡蛋饼，金黄包裹着碧绿，煞是好看。撕两块保鲜膜，分别在中间挤上蛋黄酱和烧烤酱。把保鲜膜四角收起，拧紧，形成一个鼓鼓的调料包。用牙签在调料包的中间轻轻扎一个洞，简易版裱花袋便做好了。快速在蛋饼上纵横交错地挤上蛋黄酱和烧烤酱即可。

这个色香味俱全的改良版"西葫芦鸡蛋饼"，可以同日本的大阪烧媲美。

香港茶餐厅的常餐

今早浇花的时候，虽担心吓到小鸟，但还是忍不住偷看了一下藤架下面的鸟窝，发现里面没有鸟，有几个蛋。"偷窥"的我，有种做贼心虚的感觉，心怦怦地跳，没来得及认真数到底有几个蛋就赶快走开。为什么罗宾妈妈不在窝里呢？不会又是弃巢而去了吧？我的心慢慢沉下去，难道又是我把她吓走了吗？鸟巢是小鸟的全部家当，就像我们的房子一样，把一生的积蓄都投进去，没有那么容易就抛弃吧。我想，也许她出去找东西吃，一会儿就会回来。于是我经常站在厨房的窗前观察鸟巢周围。10:00左右，我发现两只罗宾在栅栏上跳来跳去，一只扑扑翅膀飞去鸟巢。我的心终于放了下来，鸟妈妈回家了，她没有抛弃自己的孩子。

下午2:00，我在给藤架下育苗房的花苗浇水时，发现一只罗宾叼着虫子飞来，站在栅栏上，歪着小脑袋看着我，我马上停止了动作，也看着它。它停了一下，就飞向鸟巢，把虫子放进鸟巢，就又飞走了。原来是罗宾爸爸在给罗宾妈妈喂食，看来鸟妈妈开始孵蛋了，不方便离开巢穴，就由鸟爸爸负责觅食给她吃。罗宾一天大约要吃身体重量1/2的食物，鸟爸爸的工作任务很艰巨呀。不一会儿，鸟爸爸又回来送食物了，它离开后，巢里的鸟妈妈站起来，露出尖嘴和黑眼睛。

我慢慢地、轻轻地退开，心里是兴奋和幸福的。世间万物皆有灵性，小小的罗宾只有两三年的寿命，但是它们成长、筑巢、孵蛋、养育雏鸟，一对鸟儿互相扶持照应，共同承担养育下一代的责任，与人类何其相似。

这些宅在家的日子让人想念香港的美食。番茄滑蛋牛肉饭是大多数茶餐厅的常餐。这估计也是西方舶来的美食，加入香港元素后有了地道的港味。番茄滑蛋牛肉饭是用牛肉片配番茄汁再加一只半熟的煎蛋制成。我这次用牛肉馅代替牛肉片，其实有点像肉酱意面的肉酱浇在米饭上。但我这港式的番茄牛肉是加了酱油和蚝油的中式口味，而肉酱意面的酱汁则是加了地中海香料的意大利风味。还有一种做法是把鸡蛋炒熟加入番茄牛肉酱汁中，有点像加了牛肉的番茄炒蛋。这种做法也很好吃，适合不喜欢吃半熟蛋的朋友，更适合小孩子吃，有营养，又好吃。

食谱 番茄滑蛋牛肉饭 （4人份）

Beef Rice with Tomato and Soft Scrambled Eggs

❧ 材料 |

牛肉馅：500克
鸡蛋：4个
番茄：2个
罐装番茄：400克
洋葱：1个
大蒜：2瓣
番茄膏：适量
水淀粉：少许
水：150毫升
橄榄油：适量
米饭：4人份

腌料
生抽：2汤匙
蚝油：1汤匙
白砂糖：1/2茶匙
香油：2汤匙
黑胡椒粉：少许
橄榄油：少许

❧ 做法 |

1 牛肉馅加腌料，腌制15分钟。洋葱和大蒜切碎，番茄切丁。

2 平底锅放少许橄榄油，小火把洋葱碎炒至透明，再加少许油，加入蒜末炒香。出锅待用。

3 锅内下橄榄油，中火烧热后下牛肉馅，炒至变色，加入洋葱碎、蒜末和番茄膏，翻炒，加入罐装番茄和150毫升水，加盖小火慢煮15~20分钟。牛肉快好时，倒入番茄丁，煮3分钟，加少许水淀粉收汤。

4 将鸡蛋炒好后，加入番茄牛肉中，拌匀。如果是煎蛋版，就煎4只鸡蛋。

5 米饭上碟，把酱汁浇在饭上即可。如果是煎蛋版，就先在米饭四周浇上番茄牛肉汁，然后将煎蛋放于中间。

盛起满满一勺，让口中充满浓郁的风味，细细体会牛肉的柔嫩、鸡蛋的嫩滑、番茄的酸甜和米饭的软糯饱满。味蕾的舒展让心灵得到实实在在的慰藉。这大概就是那些西方人口中的"Hearty Dish"（暖心饭食）吧。

也许你劳累了一天，又或许正为某些烦心事伤脑筋，或者莫名地心情低落，但相信随着这盘热腾腾的番茄滑蛋牛肉饭上桌，一切都将随风飘去。

番茄滑蛋牛肉饭的另一种做法，煎一个半熟的鸡蛋放在饭上。

宝贝沙嗲酱

　　今天在院子里发现罗宾面向巢内，在巢的边上站了很久，难道是有小鸟孵出来了吗？我又观察了一会儿，发现它飞走十几分钟后，嘴里叼着虫子又飞了回来，在鸟巢边逗留片刻，又飞走了。我蹑手蹑脚地走到鸟巢下面，踮脚一看，巢中三只小鸟的嘴巴张得大大的，旁边还有一个没破壳的蛋。我的心情雀跃起来，新生命的诞生总是让人心生欢喜。罗宾妈妈来来去去几次后又进巢孵蛋了。

　　今天还有一个好消息。之前报道的99岁二战退伍军人汤姆·穆尔（Tom Moore）①已经以行走的方式，筹集捐款超过3000万英镑了，他还与歌手迈克尔·波尔（Michael Ball）及英国国家医疗服务系统（NHS）合唱团一起合唱《你永远不会独行》（*You Will Never Walk Alone*），为抗疫的医护募捐，这首歌还登上了单曲榜单的第一名。一场肆虐全世界的疫情，和百岁退伍老军人的康复及走红，让人类更加敬畏自然，也体现了人类顽强不屈和善良的本质。

　　周六总是会吃一个早午餐。记得以前在香港，楼下有家叫"椰林阁"的茶餐厅，早餐好吃又便宜。我们常常在周末去吃，几乎每次我都点沙嗲牛肉汤米线配小餐包。小餐包是热的，有点甜，很松软，抹上黄油让人胃口大开。沙嗲牛肉的味道复杂浓郁，有很浓的花生香味。与牛肉一起浇在米线上的，是浓稠的沙嗲汤汁，搅拌一下，爽滑的米线入口微辣喷香，与嫩滑的牛肉相得益彰。吃几口热米线，喝一口冻奶茶，这样的周末让人怀念。

　　前几天去唐人街超市，我找到占美（Jimmy's）牌沙嗲酱②，就像找到了宝贝，因为这个沙嗲酱最好吃。于是我又买了两块牛臀肉排，准备切片做沙嗲牛肉。

―――――――――

① 汤姆·穆尔出生于1920年4月30日。2019年，他在网络上发起筹款项目，计划在自己4月30日过100周岁生日前，绕自家花园步行1000圈，为英国国家医疗服务系统筹集1000英镑。2021年2月2日，他因新冠肺炎而去世。
② 一种马来西亚风味沙嗲酱。

沙嗲牛肉汤米线 （4人份）

Satay Beef Rice Noodles

❀ 材料 |

桂林米线：400克
牛肉：250克
干葱头：1粒
大蒜：2瓣
橄榄油：适量
盐：适量
鸡粉：少许

腌料
生抽：1汤匙
白砂糖：1茶匙
生粉：2茶匙
橄榄油：1汤匙
水：50毫升

沙嗲汁
沙嗲酱：3汤匙
花生酱：2汤匙
白砂糖：1茶匙
水：120毫升

❀ 做法 |

1　取一口深锅，烧水，水滚放入米线，煮5分钟，熄火，加盖闷一会儿。米线熟了，过冷河。干葱头切碎，大蒜切末。

2　牛肉切片，加入腌料搅拌均匀，腌15分钟。

3　沙嗲酱、花生酱、白砂糖和水搅匀，制成沙嗲汁，备用。

4　锅烧热，下油，将牛肉快炒至八成熟，取出待用。

5　锅内加少许油，爆香干葱碎和蒜末，再放入沙嗲汁和牛肉片炒匀即可。

6　水煮开，放入米线，烧开，加入适量的盐和鸡粉调味，熄火。米线盛入大碗，加入沙嗲牛肉片和汤汁即可。

五月
May

五月的英文名"May"的来源是一个谜。古人声称"May"来自罗马神话中的墨丘利（Mercury）的妈妈迈亚（Maia）。古罗马的人们在每年的5月1日向她献上祭品，所以罗马历法中以迈亚的名字来命名第五个月。

英国把5月1日定为五朔节（May Day），古代的英格兰人民在五朔节这一天的黎明到户外迎接春天的到来。在村庄的草地上竖起五颜六色的五朔节花柱是英国人民庆祝节日的传统。姑娘、小伙跳起传统的莫里斯舞。女孩们身穿素雅的白裙，最美的一个被选为"五月女王"，戴上花冠在人们的簇拥下游行庆祝。

五月是一个欢快的月份，经历过漫长寒冬的欧洲人民欢天喜地地庆祝春天的到来。在罗马日历中，这个月被称为快乐之月（Month of Mary）。

5月1日：国际劳动节

以假乱真的野韭菜

　　封城的日子里，在家待久了，总想出去走走。好在出去锻炼身体是被允许的，于是我到家附近的一个树林逛逛。这个树林在大公园的旁边，英国的市区有不少这样的树林，人工的痕迹很少，树木和植物自由地生长。林间的小路弯弯曲曲，是散步的人们踩出来的。踏上林间小路，一路探索，千奇百怪的植物比比皆是。现在正是蓝铃花开的季节，绿树荫下，远远的一片奇幻的蓝色。微风吹过，一串串倒挂的蓝铃花"摇响"了，和着鸟鸣和风声，那是春天的脚步声。

英国的野韭菜已经开花了。

　　走着走着，穿过蓝铃花区，忽然发现一大片白色小花，竟然望不到头。翠绿肥厚的宽叶子向下低垂着，有的优雅地开着小白花，有些刚刚打了花骨朵儿。原来是野韭菜，英文叫"Wild Garlic"。野韭菜从三月开始发嫩芽，一直到六月都是吃野韭菜的好时候。韭菜在西方是稀罕的东西，通常只能在唐人街买到，而且价格很贵。然而，春天的时候，野韭菜遍地都是，是免费的有机绿色食品，只需拿着篮子和剪刀，便可尽情采摘。野韭菜的味道比较柔和，还有淡淡的甜味，刚发芽的时候最嫩，当开花的时候叶子也还是嫩的，花可以用来做韭菜花酱。韭菜当然和鸡蛋是最佳组合：韭菜盒子、韭菜炒鸡蛋，而野韭菜的味道完全可以以假乱真。

　　如今，野韭菜开始开花，正是做韭菜花酱的好时候。小时候，妈妈总会做一些韭菜花酱储存起来。冬天，吃面条的时候来一小匙，顿时香气扑鼻，齿颊生津。在东北的饭店吃火锅时，韭菜花酱也是必点的配料之一，羊肉和肥牛涮好后，蘸上韭菜花酱，肉的鲜味立即被提到一个新的高度。吃烤肉的时候，蘸点韭菜花酱不但提鲜还解腻。

韭菜花酱
Chinese Chive Flowers Sauce

◢ 材料 |

韭菜花：400克
盐：40克
橄榄油：2汤匙

◢ 做法 |

1　将开还未开的韭菜花最好、最鲜美。韭菜花用冷水浸泡20分钟，洗净，沥干。把厨房纸巾铺在容器底部，把韭菜花倒在纸上，吸干水分。

2　将玻璃罐以沸水煮5分钟，取出晾干待用。

3　盐的分量通常是韭菜花的1/10左右。把韭菜花和盐一起放搅拌机中打成酱。加2汤匙橄榄油，搅拌均匀，作用是防止韭菜花变色。把韭菜花装入容器中，注意不要装太满，因为韭菜花会发酵产生气体。瓶口用保鲜膜封好，盖子不要拧太紧。

　放入冰箱冷藏，可以保存1年。

神奇的五月天

罗宾宝宝已经出生九天了，昨天就发现有几只已经睁开眼睛。整个鸟巢都是一层黑色的绒毛，鸟宝宝的头顶有一撮很长的绒毛，看起来很滑稽；耳朵和眼睛附近没长毛，可以清楚地看见耳洞；胸前已经长了深咖啡色的绒毛，翅膀上的羽毛还很稀疏。六只小鸟围成一圈蹲在巢中，看起来有点拥挤。鸟妈妈很少在巢里，天气变暖再加上鸟宝宝们长了绒毛，挤在一起，互相取暖也不冷了。它们闭着眼睛，把黄嘴

名叫"新拂晓"的爬墙玫瑰开得如痴如醉。

巴搁在巢的边上，睡梦中，嘴巴还会忽然张开。就像刚出生的小婴儿，不由自主地翕动嘴唇。鸟爸鸟妈忙着捉虫，轮流喂食。鸟妈一落在巢边，小鸟们就马上张大嘴巴，叽叽喳喳地吵起来。我买了餐虫，每天早上和下午放食两次，希望能减轻罗宾爸妈的捕食压力。

每天早上，我起床的第一件事就是去看鸟巢。每一天，都有新发现。今天，小罗宾们的眼睛睁得大大的，很有精神。但不一会儿，就又睡着了。罗宾爸妈在巢的附近守着，一听到鸟巢附近

有动静，就飞过来打探情况。它们对我已经习惯了，在周围跳来跳去，小脑袋探究地转动着，样子可爱又有趣。

经过上周连续的雨天，今天天空终于彻底放晴。草坪被雨露滋润后显得格外碧绿，玫瑰花的花骨朵儿鼓胀饱满，有些已经隐隐露出或红或白的花瓣。牡丹更是长得老高，深红色的花骨朵儿光洁得像一颗颗红玛瑙，闪着光。我用竹竿固定好牡丹的枝条，等待超大而沉重的花朵盛开。

英国的五月是一个神奇的月份，屋后小小的园子是一个日新月异的小世界。每天发生在这个小世界的微不足道的小事，就已能大大地满足我对自然的好奇与欣赏之心。

在花园忙碌了一上午，饥肠辘辘。不如就做一道简单的和风大虾意大利面，清新的日式料理与温暖的春日好像也很契合。

意大利面的做法有很多种，最简单的就是将意大利面上碟，把酱汁直接淋上，搅拌即成。这款和风意面用煎香的培根碎做底味，把煮至七分熟的意大利面加入酱汁中继续煮几分钟。没熟透的意大利面能够充分吸收酱汁的风味。这样，上碟的意大利面没有浓厚的酱汁，看起来轻盈有致，但味道毫不含糊。配上煎得红彤彤的大虾，味道鲜美，品相俱佳。

食谱 和风大虾意大利面 （1人份）
Wafu King Prawn Spaghetti

◆ 材料 |

意大利面：120克
去壳大虾：6只
培根：3片
洋葱：1/4个
大蒜：2瓣
朝天椒：1个
葱花：少许
盐：适量
白砂糖：少许
白胡椒粉：少许
橄榄油：适量

酱汁
清酒：1汤匙
味醂：1汤匙
酱油：2茶匙
盐：适量
黑胡椒粉：适量
黄油：2茶匙

◆ 做法 |

1　洋葱、大蒜、朝天椒和培根切碎。

2　大虾洗净，去虾线，用厨房纸巾吸干水分。放少许盐、白砂糖和白胡椒粉，抓匀。

3　把培根倒入平底锅，小火煎至金黄。锅中会有不少培根渗出的油，如果不够再倒入少许橄榄油，加入洋葱碎、蒜末和辣椒碎，炒香。再加少许橄榄油，大虾下锅，略煎至两面变色，所有材料取出待用。大虾切忌烹饪过度。

4　在锅中加入足够多的水和适量的盐（煮意大利面的方法见第55页），加入意大利面，煮至七分熟。大约比包装上建议的时间少2分钟。煮好取出待用。

5　在锅中放入黄油，再把酱汁的其他材料放入锅中，小火煮开。将七分熟的意大利面放入锅中，与酱汁继续煮3分钟，没有彻底煮熟的意大利面会吸收很多酱汁。快好的时候，放入步骤3烹饪好的材料，搅拌均匀后盛盘，撒上葱花即可。

有培根做底味的酱汁格外鲜美，配上通红脆口的大虾，是春日简单的美味。

167

珠散玉碎
回味无穷

刚刚出巢的罗宾宝宝,还不太会飞。

世界上有一种感觉叫"失落"。清晨,我走向鸟巢,想看看毛茸茸的小鸟们。出乎意料的是,鸟巢竟然空空如也!明明知道小鸟会离巢,但是没想到会这么快,没想到就在今天。从发现小鸟出壳到今天,正好十二天。我站在鸟巢下,失落但又欣慰,鸟宝宝们终于长大了。想必是在黎明时分就离巢了,但它们还不会飞,能去哪里呢?我四周打量一番,耳边传来啾啾的鸟叫声,但却没有发现雏鸟。我叹了口气,还是浇花吧。

当我走近水管时,发现花盆边上有一只毛茸茸的小东西——一只雏鸟,它一颤一颤地,像掉到地上的毛线球。这个位置离花园的铁栅栏已经很近了,难道其他五只都从栅栏门跑出去了吗?也有可能是一离巢就被猫或狐狸吃掉了。刚离巢的小鸟既不会飞,也不会自己觅食,只会跳着走,它们是否能生存下来,主要是看能否把自己隐藏起来。英国罗宾雏鸟第一年的死亡率高达72%。我慢慢退开,坐在地台上观察它。不一会儿,就看见鸟爸鸟妈飞来了,啾啾地叫着。鸟妈妈先飞下来,雏鸟马上张大嘴巴,鸟妈妈喂食之后飞开,由鸟爸爸接着喂。如此这般,每隔半个小时,鸟爸鸟妈就来喂它一次。吃了食的它看起来精神不少,眼睛瞪得大大的,胸脯一起一伏。它的头上左右两边还各有一撮长长的绒毛,嘴角嫩黄,靠着墙边一动不动,模样憨憨傻傻的。

整个上午我都在观察小鸟，投放的餐虫转眼就被一抢而空。画眉和喜鹊也都赶来，猛抢狂吃，罗宾夫妇也取了不少，飞来飞去地喂给雏鸟。我估计有几只雏鸟在隔壁家的花园，因为罗宾妈妈常常叼了虫子飞去隔壁。

　　早上发的面团，已经胀到两倍大。用小锅烧了些油，泼到干面粉上，做成油酥。今天要烤东北烧饼。

　　据考证，烧饼是汉代从西域传来的。《续汉书》有记载说"灵帝好胡饼"，这胡饼可能就是烧饼的前身。《资治通鉴》中提到汉恒帝年间贩卖的胡饼"薄如秋叶，形似满月，落地珠散玉碎，入口回味无穷"。据说，烤制的烧饼最初并没有芝麻。芝麻于汉代从西域传入，起初叫胡麻，故有"胡饼"之称。北魏的《齐民要术》之《饼法》中记载了烧饼做法："作烧饼法：面一斗，羊肉二斤，葱白一合，豉汁及盐，熬令熟。炙之，面当令起。"《资治通鉴》又有记载：安史之乱，唐玄宗与杨贵妃出逃至咸阳集贤宫，无所果腹，宰相杨国忠去市场买来了胡饼献给唐玄宗和杨贵妃。当时长安的胡麻饼很流行，白居易有诗称："胡麻饼样学京都，面脆油香新出炉。"《故都食物百咏》中说"干酥烧饼味咸甘，形有圆方贮满篮，薄脆生香堪细嚼，清新食品说宣南"。白居易的"面脆油香"用来形容东北烧饼最合适；而"薄脆生香堪细嚼"则像是北京的吊炉饼，那也是一绝。

　　上师范学院时，我觉得学校的油盐烧饼最好吃，我每周末回家之前都要买几个带回家。传统的东北烧饼使用东北大豆油，色泽金黄，透着淡淡的黄豆香味，成了东北油盐烧饼的独特风味。东北烧饼讲究温水和面，经过发酵后制成，好吃的烧饼表皮酥脆，一碰就掉渣；里面嫩黄柔软，层次分明。咬一口，外酥里嫩，油酥香喷喷的。烧饼配豆腐脑或者小馄饨汤面，简单朴素却保证让你吃得热火朝天，回味无穷。

🍲 油盐烧饼 (12个)

Clay Oven Flatbread

◆ 材料

面粉：500克
酵母：5克
白砂糖：10克
温水（32~35℃）：
　　350毫升
鸡蛋：1个

油酥
面粉：150克
橄榄油：120毫升
盐：6克
花椒粉：10克

◆ 做法

1 将酵母加入适量的温水（能化开酵母即可）中搅拌。把白砂糖和面粉混合，分3次加入酵母水和剩下的温水，搅拌成絮状。水温最好保持在32~35℃，如果超过42℃，酵母会失去活性。白砂糖则有利于发酵。用手揉面团3~5分钟。这个面团比较软，开始时可能有些黏手，坚持揉，就会变得洁白光滑。面团放入容器中醒发至2倍大。鸡蛋打散，待用。

2 做出好吃的烧饼关键在油酥。将盐、花椒粉和面粉混合，油烧热倒入面粉中，边倒边搅拌。做好的油酥略稠但仍可流动。

3 把醒发好的面团放置于面板上，排气，擀成2毫米厚的长方形面皮。把油酥淋在面皮上，用刮刀抹匀。把面皮从靠近身体方向向外卷，卷成长条，分成12等份的面剂子。取一个面剂子对折，捏紧开口，封住油酥，封口向下，整理成圆形或者椭圆形。全部整理好后，逐个按扁，用擀面杖轻轻擀薄，但不要太用力，防止破坏层次。

4 烤箱预热至250℃。烤盘刷油，把擀好的面饼摆进烤盘，饼皮刷蛋液和油，盖上保鲜膜松弛醒发30分钟，再放入250℃的烤箱内烤15分钟即可。

烤好的烧饼表皮极其酥脆，一碰就掉渣。内部柔软，层次分明，呈现诱人的金黄色。

韭菜炒鸡蛋配油盐烧饼是学生时代的味道。

咸酥的烧饼透着麦香和花椒的辛香，是学生时代的记忆，是家乡的味道。

清雅脱俗的母亲节礼物

　　这几天又冷了起来。在英国，五月穿羽绒服并不是什么新鲜事。然而，晴朗干燥的天气确确实实地开启了英国最美的季节。晚上9:00才开始天黑，黄昏整整推迟了四个小时，让人不想睡觉，时间仿佛被拉长了。这大概应验了物极必反的原理，冬天因下午3:30天黑而缺失的日照，夏天都加倍地补回来了。

　　今天是母亲节，离妈妈这么远，唯有邮寄礼物给她。她腿不好，患了俗称的"老寒腿"。我买了一个有加热按摩功能的护膝送给她，希望日益先进的科技能为她舒缓些许病痛。最近两年妈妈开始步履艰难，不能走太远，买菜都很少去了。她常常为此苦恼，向我诉苦，说缺什么都不能马上去买，要等别人有空了才能帮她买。人老了，自己行动不便，就难免被迫耐下性子来求别人帮忙。生老病死，无人能幸免，在走向衰老的路上，我们能做的就是练就宽大的胸怀，接受种种的不如意。身体健康是幸福之本，然而精神健康才是保持神采奕奕的关键。叔本华说："人类的幸福有两种敌人：痛苦与厌倦。"

　　有人说："美，是一封打开的介绍信，她使每个见到这封信的人都对持这封信的人感到满心欢喜。"虽然美与幸福好像没有直接的关联，但是却间接地给人幸福的印象。所以，老年人要摆脱精

神上的苦痛与孤独，不妨开发艺术兴趣，让"美"滋润心灵，消灭
无聊的侵蚀。

　　现在步履蹒跚的妈妈，年轻时可是个运动健将，据说是在搭火
车去参加游泳比赛的时候邂逅我爸爸的。记得小时候，家里经常要
换煤气罐。爸爸出差时，妈妈就骑着自行车，带着我去换煤气罐。
我坐在自行车前面的儿童座上，车后架上挂着沉重的煤气罐，自行
车在坑坑洼洼的小路上颠簸着。到岗亭时，妈妈下车登记，把自行
车立在路边，一阵风竟吹倒了车子，我和煤气罐一起摔到地上。我
擦伤了，顿时哇哇大哭。妈妈赶快把我抱起来，一边给我擦眼泪，
一边道歉说："对不起、对不起，都是妈妈不小心。"

　　今天，除了和妈妈视频聊天之外，还要做一个特别的蛋糕，来
庆祝母亲节。青柠圆环蛋糕清新的感觉和五月很搭配。这款蛋糕用
了整整三个青柠，连皮带汁，蛋糕烤好之后，再淋上青柠芝士糖
霜。金黄的蛋糕，裹着一层淡绿色的糖霜，清雅脱俗。一入口就被
浓郁的青柠风味彻底征服，这恐怕是五月最好的写照，也象征着母
亲的恬淡和坚强。

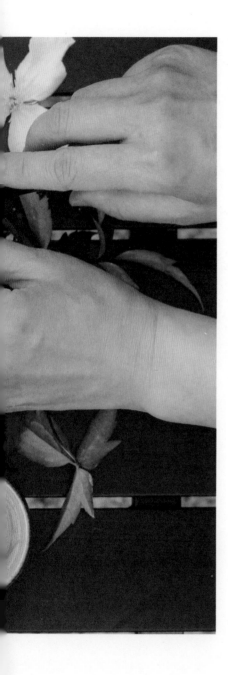

青柠圆环蛋糕 （7英寸）
Lime Bundt Cake

❧ 材料 |

蛋糕	糖霜
青柠皮屑：3个量	青柠汁：1个量
青柠汁：2个量	奶油芝士：200克
软化黄油：275克	糖粉：50克
白砂糖：275克	牛奶：适量
（可减至120克）	
自发粉：275克	装饰
泡打粉：2茶匙	青柠片
鸡蛋：4个	香草

❧ 做法 |

1　烤箱预热至170℃。把泡打粉与自发粉混合，待用。

2　把白砂糖和黄油打发至颜色变浅。每次加入1个鸡蛋和1汤匙步骤1的面粉，搅拌均匀；4个鸡蛋都用完后，再加入青柠皮屑和青柠汁以及剩下的面粉，搅拌均匀。把面糊倒入模具中。

3　入烤箱，烤1小时。

4　烤蛋糕的过程中，可以准备糖霜。将青柠汁、糖粉和奶油芝士混合，加适量牛奶调节浓稠度。

5　烤好的蛋糕脱模后，冷却。最后淋上糖霜，可以先把糖霜放进微波炉加热10秒，以增其流动性。用青柠片和任意香草绿叶做点缀。如果没有青柠，可以用柠檬代替，味道很接近。

私房美味
千层面

长尾山雀每次光顾都是一群，叽叽喳喳地吃一顿，很热闹。

上周滞留在园子里的小鸟飞走了，相信是飞到了附近的树丛里。罗宾爸妈马不停蹄地为散落在四周的小鸟们喂食。为了喂食小型雀鸟，我专门买了一个小鸟喂食屋。这个绿色的小屋四周有门洞，大小刚好能让小鸟出入，鸟屋下面有一个高脚杆，立在花园中央，可以清楚地观察小鸟取食。这下子，鸽子和喜鹊一类的大鸟就会"望食兴叹"了，就连松鼠也爬不上来。罗宾妈妈率先发现鸟屋中有诱人的餐虫，她振着翅膀在鸟屋旁边盘旋了一会儿，就壮着胆子把头伸进小屋叼了一只虫子，然后迅速飞离，整个动作也就一两秒钟。罗宾是出了名的大胆，尤其在哺育幼鸟期间，为了捕捉虫子总能奋不顾身。

这几天有一对蓝冠山雀经常来我家园子里吃脂肪球（一种含有坚果、种子和脂肪的球形鸟粮）。这是一对漂亮的小鸟，圆滚滚的体形，比罗宾还小。黄色的胸脯、蓝色的翅膀、黑白相间的脸颊，头顶还有蓝色的冠状羽毛。还有一对乌鸫也是我家的常客，它俩浑身黝黑，有着橙色嘴巴和眼圈，喜欢脂肪球，偶尔也会窃取鸟屋的虫子吃。另外，一对鸽子和一对喜鹊也把我的园子划为了自己的领地。喜鹊吃脂肪球是风卷残云式的，它用尖嘴一个劲儿地铲，吃一半掉一半，一次能消灭半个球。鸽子夫妇就守在脂肪球下方的地上啄食掉下来的残渣，两对大鸟也算配合默契。

今早发现，前些日子种在花盆里的几只大丽花根球，不知被哪位不速之客挖了出来，随意地丢在旁边，在花盆里留下了几个大洞。花盆的一角长出了一棵亭亭玉立的树苗，才几天就长到一尺多高，翠绿纤长，煞是好看。除草时，我顺手连根拔起，发现树苗的根部居然是一颗硕大的栗子。看来，在花盆挖洞的是小松鼠，这个藏宝之后就患了健忘症的糊涂虫。

我把一整个上午的时间都消磨在了花园里，一个小小的园子给了我无限的乐趣。下午照旧是读书时间，读书、看鸟、喝茶，春日的午后尤其惬意。冰箱有刚买回来的牛肉馅，晚餐就做孩子们爱吃的意大利千层面。意大利千层面是用意大利宽面、肉酱和芝士层层叠加而成的。"Lasagna"（千层面）是意大利文，也是出名的意大利菜，但是千层面的起源却要追溯到古希腊。其名字"Lasagna"便是从希腊文"Laganon"演变而来的，意思是薄面皮。最初的千层面没有现在的意大利风味馅料，只是用面皮和酱汁制成。

然而，如今这道让人大快朵颐的美味千层面的配方出自何处，仍一直有争论。意大利人理所当然宣称这配方是意大利首创。但有英国研究人员发现了一本1390年的英国烹饪书，其中就有千层面的配方，所以英国人坚称现代千层面的配方起源于英国。

无论千层面起源何处，它都是一道广受喜爱的美味料理，还很适合中国人的口味。刚出炉的千层面，表面的芝士被烤得金黄，露出下面的番茄肉酱，非常诱人。千层面好吃与否的关键在馅料，我的秘诀是在番茄牛肉酱的基础上再添加一层白酱。两种经典的意式酱汁融合碰撞，配上柔软的意大利宽面和浓郁的芝士，口中风味层层叠叠，每一口都是奢华的享受。

意大利千层面 （4人份）
Classic Lasagne

材料

意大利宽面：9片
马苏里拉芝士碎：200克

番茄肉酱
牛肉馅：500克
罐装去皮番茄：1罐
番茄膏：2汤匙
西芹：3根
胡萝卜：2个
洋葱：1个
大蒜：2瓣
黄油：10克
橄榄油：适量
白葡萄酒：80毫升
浓汤宝：1粒
百里香粉：少许

白酱
黄油：50克
面粉：50克
牛奶：500克
切达芝士碎：少许
盐：少许
法式芥末酱：2茶匙

长32厘米、宽20厘米的烤盘

按照此方法做的千层面绝对不输给餐馆，或者更好吃。

做法

1 把意大利宽面并排放在长方形烤盘内，倒入约40℃温水浸泡2小时。注意宽面不能叠加，最好互相不接触，防止粘连。

2 洋葱、胡萝卜、西芹切丁。大蒜切末。黄油和橄榄油下锅，小火加热，油热后把洋葱、胡萝卜、西芹和蒜末炒香，取出待用。

3 再加少许橄榄油，下牛肉馅，炒熟，牛肉变色，表面略微呈焦糖化。把炒好的配料放入锅中，加番茄膏和白葡萄酒翻炒。倒入罐装去皮番茄和浓汤宝，搅拌均匀。小火煮40分钟。快好的时候撒百里香粉，使得酱料更富有"意大利"风味。

4 炖牛肉的时候，制作白酱。黄油下锅，起泡沫时，加面粉，搅匀，小火煮2分钟。牛奶用微波炉加热1分钟，分两次加入锅中，边加牛奶边搅拌，直到汤汁开始变得黏稠。加入盐、切达芝士碎和法式芥末酱，搅拌至幼滑无颗粒。牛奶加热后才加入，能有效防止面粉结粒。加入法式芥末酱和芝士碎是"非一般白酱"的秘诀。

5 烤箱预热至180℃。

6 番茄肉酱和白酱煮好后，先在烤盘底部铺一层番茄肉酱，再铺一层白酱。把泡软的3片宽面并排摆放在酱料上，再重复两次，用完剩下的6片宽面，然后再铺一层番茄肉酱和白酱，最后把马苏里拉芝士碎平铺在最上层，入烤箱烤半小时。

成双结对的鸟儿

罗宾夫妇第一窝孩子差不多都自立了，之前的那个鸟屋也被它们遗弃了。今早从窗户看出去，一团东西掉在地上，原来是鸟巢的内胆，可能是罗宾打算在筑巢之前先清理掉旧鸟巢。但后来发现，它们又用回了在储藏室架子上的那个巢，巢的四周加了一圈草，里面竟然还有四个蛋，想必是鸟儿考察过后，选择了这个没用过的巢，免得再重新筑巢。而且储藏室真是一个既安全又能避风挡雨的好地方，鸟妈妈在这里一天下一个蛋，估计下周凑够六个就开始孵蛋了。

这对恩爱的金翅鸟，每天都来我家吃饭。

五月是鸟类繁殖的季节。今天在花园看见一只喜鹊叼了一条比自己身体还长的树枝飞过，相信是准备筑巢的。所有光顾我园子的鸟儿都是成双结对的，大自然的规律不过如此，所有的生物都是为了种族的繁衍而生存。

恋爱和婚姻，不仅是两性之间的强烈吸引，还是种族求生意志的表现。恋爱中的人，即便是生活最平淡的人，也会变得神采飞扬，富有诗意。他们互相爱恋，完全不顾对方与自己的千差万别；在他们眼中，对方的缺点也变成优点，盲目地追求自己的心上人无视周遭一切。其实，他们已经被类似动物本能的冲动所支配，追求的并非单纯是自己的事情，而是创造将来的新生命。叔本华说："恋爱的结婚是为种族的利益，而不是为个人。"结婚就一定得牺牲个体，而选择单身就要牺牲种族的繁衍生息。在现代社会，步入婚姻还是多数人的选择，大概就是因为生物种族繁衍的本能吧。

　　大自然的生生不息，让我联想到这样的道理。然而，要活得好，完成我们的使命，吃得好才是王道。很久没吃过日本的快餐牛排店胡椒厨房（Pepper Lunch），正好家里有牛排，午餐就做一顿丰盛的"胡椒午餐"吧。

　　胡椒午餐，顾名思义，使用大量黑胡椒粉是其特色。除此之外，蒜蓉酱油和烧烤酱也是做出原汁原味的胡椒午餐的关键。说到烧烤酱，最佳当数麦当劳的，若能买到甜宝宝雷（Sweet Baby Ray's）牌烧烤酱也不错。

胡椒牛排午餐 （2人份）
Beef Steak Pepper Lunch

材料

牛排：250克
米饭：250克
玉米粒：200克
洋葱：1/2个
大蒜：2瓣
酱油：1汤匙
黑胡椒粉：适量
烧烤酱：适量
盐：少许
黄油：1汤匙
橄榄油：适量

做法

1 牛排双面撒少许盐和黑胡椒粉，如果喜欢吃小块的，可切成容易入口的小块。

2 洋葱切碎。大蒜切末，再加1汤匙酱油，待用。

3 做胡椒午餐的锅最好选用铸铁条纹煎锅，不但热力足够，而且煎好的牛排还会有漂亮的条纹。大火烧热锅，下少许橄榄油，放入牛排块，大火煎1分钟封住肉汁，然后转中火，放入黄油和洋葱碎，继续煎。视牛排的厚度和大小，煎的时间也不尽相同，但一般两三分钟就差不多了，不要煎太熟。

4 把牛排和洋葱碎推到锅的外圈，把一碗米饭倒扣在锅中间，加入玉米粒、蒜末酱油和适量的烧烤酱，拌匀。再撒上大量黑胡椒粉。蒜末、酱油、烧烤酱和黑胡椒粉是决定味道的关键，按照自己喜欢的口味调整分量即可。

一定要趁热吃。一口牛排，一口饭，浓郁的牛肉味与玉米粒的清甜相得益彰。最妙的是，黑胡椒的浓郁辛辣过后，一丝微甜的烟熏滋味隐隐留在口中，那是烧烤酱的功劳。

路边的野花我就要采

白色花海的步道，如梦如幻，是跑步的好地方。

今天是小满，也是英国今年以来最热的一天。伦敦及英国东南地区温度飙升到27℃，比美国加州①还热，给人真真正正夏天的感觉。

早上出去跑步，跑到了家附近的一个单车步道。以前很少去，因为觉得人太少不安全，但今天这么大的太阳，决定去探索一下。从公园出发，经过一条上坡小路，再通过一个小木门就上了步道。这是一条大约有40千米的柏油单车步道，路不宽却整齐干净。一上步道，就被小路两边的白色花海震撼了，这类似满天星的白色小花有一米多高，开遍整个步道的两侧。太阳透过道路两侧的参天大树洒下斑驳的光影，跑在白色花海中间的小路上，整个人都莫名地兴奋起来。季节的变化是多么神奇，春天把一条普通的步道变成了梦幻之路。一路

---

① 加利福尼亚州。

跑过去，发现路边可爱的野花真多。跑过一片黄色的油菜花丛，其中零星的蓝色小花像星星一样眨着眼睛。

忽然，发现一棵细高的植物，它优雅地站立着，纤细的枝头点缀着粉红色倒挂金钟式的花朵，一朵花有五组花瓣，薄得透明，像五只小鸽子翘着翅膀聚在一起，羞答答的花苞则高高地挂着，好像在静静地瞟着我。这植物的名字叫梦幻草，美得让人难以抗拒。有首歌唱道："路边的野花你不要采。"然而就是这路边的野花，清新雅致，比起雍容华贵的家花，别有一番风情。当然，此野花非彼野花，我采了几株，插在玻璃房的花瓶里，非常养眼。

天气热，吃寿司最舒服。我看过纪录片《寿司之神》，它是讲全球最年长的米其林三星主厨小野二郎开寿司店的故事。有美食评论家称赞小野二郎的寿司虽然都很简单，看似也没花多少工夫，但吃过之后，都会惊叹这么简单的东西，味道竟然会如此有深度。据说为了使寿司上的一小片章鱼肉质从韧性十足变得口感柔软，他要按摩章鱼肉40分钟，这恐怕是大繁至简的最好例子。他还仔细地观察客人，随时调整服务，缜密计算上菜时机，让整个用餐过程宛如一场交响乐演出，结尾画出完美的惊叹号。小野二郎精益求精，决不妥协的信念与态度是他成功的关键。

寿司之神的餐厅太遥远，不如贴地气一些，自己做寿司饭团解解馋。在日本旅行的时候，搭火车之前常常会买两个饭团备着，经常奢望饭团的馅料能多一点，自己捏的饭团当然可以尽管放自己喜欢的馅料，而且保证足料。

御饭团 （2人份）

Onigiri

⚜ 材料

调味料
米醋：1½汤匙
白砂糖：1汤匙
盐：1/2茶匙
白芝麻：1茶匙

米饭：320克
海苔片：2张
金枪鱼：1罐
鸡蛋：2个
蛋黄酱：4汤匙
小黄瓜：1根
盐：少许

⚜ 做法

1 米饭趁热加入调味料，这样米饭能更好地吸收味道。

2 罐装金枪鱼最好选不需要沥水的鱼排，使用方便而且口感比较细嫩。取一个大碗，放入金枪鱼排，先把鱼排搅碎，越碎越好。加入3汤匙蛋黄酱，搅拌均匀，待用。

3 平底锅不放油，打入2个鸡蛋，开小火，用筷子不停地搅拌，鸡蛋熟了后，会呈细小的颗粒状，耐心地把鸡蛋全部搅拌成小颗粒，取出待用。

4 小黄瓜切丝，加少许盐，腌10分钟，把水挤掉，待用。鸡蛋粒冷却后，加入1汤匙蛋黄酱，搅拌均匀。

5 把海苔片放置在面板上，盛1汤匙米饭放在海苔上，把米饭整理成方形（与海苔的方形呈对角）。再盛1汤匙金枪鱼，放在米饭上，然后，再依次铺上黄瓜丝和鸡蛋粒，最后再铺一层米饭。把海苔折叠包成一个方形小包。用保鲜纸包好，饭团就做好了。可以横切，也可以斜切，断面有粉红色的金枪鱼、绿色的小黄瓜和黄色的鸡蛋粒，样子清雅，味道也是一流。若配上清凉可口的日式海带丝，便是完美的夏季早午餐。

公园里的邂逅

五月就要接近尾声，大理花全部种下了，有几棵根茎太大，就分株种在院子里。现在就等待它们在六月雨水多的时候疯长起来。我还买了两个新品种的种子，一并种下。种花的乐趣在于等待开花，期间还能暗暗猜测花的模样和颜色。养花、养鱼、养鸟之所以让人着迷，原因就是人们喜欢期待的感觉吧。

今天跑步时发现路边的樱桃树都结果子了，绿色的樱桃挂满枝头。前几天刮大风，被吹落的果子遍地都是。我家门口的那棵樱桃树是我用樱桃种子种出来的，一晃已经四年了，长得很高，现在开始在顶端分枝了。据说樱桃树要七年才能结果，我很是期待。

离我家不太远处有一个很大的公园，以前我只在入口附近走走，今天打算深入探索一下。公园深处有一个不大的湖，湖边有几个人在垂钓。在英国钓鱼需要申请牌照，而且所有钓到的鱼都要放回水中，人们钓鱼不是为了吃，仅仅为了娱乐而已。这个湖边有不少供钓鱼人摆放座椅和垂钓工具的木台，看来这里是专门给人钓鱼的；有些人干脆搭个帐篷，一边喝热茶，一边看书钓鱼，好不惬意。

野鸭子、鸳鸯和大雁在湖边"叽叽嘎嘎"地吵着。有三只毛茸茸的小鸭子在岸边徘徊试水，鸭妈妈和鸭爸爸在"嘎嘎"地叫着，像是在鼓励它们。离岸边不远的草地上有大片的三棱茎葱（Three Cornered Leek），这是一种类似野蒜的植物，开着白色铃铛似的小花，花梗横断面呈凹面三角形，叶子细长，很像韭菜。

公园的黑白花小马。

　　我继续向公园里跑去，忽见一匹黑白花的小马，四个蹄子上长着白色浓密的毛，远处还有两匹，一匹红棕色，一匹白色。原来这里是一个马圈，养了三匹膘肥体壮的矮脚马。白色和黑白花的小马，一前一后地跑起来，长长的白鬃毛随风飘动，俊逸潇洒。那匹红棕色的马皮毛光滑发亮，在太阳光下呈现出艳丽的枣红色，长睫毛下一双黑眼睛纯真无邪。

　　这真是令人欣喜的探索，美好的一天就这样开始了。

　　跑完步回家就开始准备烙葱油饼。面团是出门前揉好醒上的，现在已经光滑柔软，可以开始做了。

　　妈妈是山东人，葱油饼一直是她最拿手的。她烙的葱油饼柔软有弹性，层次分明，葱香四溢。在我小时候，她经常烙葱油饼，做好的饼配上炒土豆丝和小米粥，那就是一顿丰盛的晚餐。那时候油很金贵，爸爸总是抱怨妈妈放油不够多，她会赌气地说："这还不够多，那你去喝油吧！"

　　后来，我开始尝试烙葱油饼，但起初不是太硬就是层次不够分明。超市有一种印度饼，薄薄的一张，放在平底锅上，一会儿就鼓起来了，吃起来酥脆可口，但好像是用油和的面，我嫌太油腻。

　　其实，葱油饼的秘诀在于面团要够软，最好使用高筋面粉，这样饼不但柔软还富有弹性。其次就是用油酥代替单纯地放油，层次会更分明。

葱油饼 (4个)
Cong You Bing

❀ 材料 |

高筋面粉: 300克
盐: 2克
沸水: 150克
冷水 (常温即可): 80克
小葱: 适量
植物油: 适量

油酥
中筋面粉: 1汤匙
植物油: 2汤匙
白胡椒粉: 少许

❀ 做法 |

1 高筋面粉加盐和沸水搅拌,烫面能够使饼更柔软。然后再加入冷水,搅拌成絮状。用手揉成光滑偏软的面团。把面团分成4等份,刷一层油,盖上保鲜膜,醒面20分钟。

2 中筋面粉、胡椒粉加油搅拌成有流动性的油酥。

3 小葱切葱花。

4 在面板上滴少许油,手上也涂少许油,把步骤1的面团擀成圆面饼,越薄越好。用刷子刷一层油酥,铺上葱花。

5 把面饼卷成长条状。再从头到尾卷起来,尾部收好,松弛10分钟。

6 把步骤5的面坯擀成薄饼,轻轻擀,避免葱花漏出来。

7 平底锅下油,油热,把饼放进锅中,烙至两面金黄即可。

用手撕开葱油饼,层层叠叠的,飘出葱香和油酥的咸香,每一口都是柔软的,每一口都是妈妈的味道。

柔软又层次分明的葱油饼。

图书在版编目（CIP）数据

吾心安处是厨房：冬去春来的料理与生活 / 秋宓著. —
北京：中国轻工业出版社，2021.12

ISBN 978-7-5184-3693-4

Ⅰ. ①吾… Ⅱ. ①秋… Ⅲ. ①菜谱 Ⅳ. ① TS972.12

中国版本图书馆 CIP 数据核字（2021）第 207687 号

责任编辑：王晓琛　　　　责任终审：高惠京
整体设计：锋尚设计　　　责任校对：宋绿叶　　　责任监印：张京华

出版发行：中国轻工业出版社（北京东长安街6号，邮编：100740）

印　　刷：北京博海升彩色印刷有限公司

经　　销：各地新华书店

版　　次：2021年12月第1版第1次印刷

开　　本：710×1000　1/16　印张：12

字　　数：200千字

书　　号：ISBN 978-7-5184-3693-4　定价：68.00元

邮购电话：010-65241695

发行电话：010-85119835　传真：85113293

网　　址：http://www.chlip.com.cn

Email：club@chlip.com.cn

如发现图书残缺请与我社邮购联系调换

210406S1X101ZBW